シリーズ情熱の日本経営史⑥

佐々木聡 監修

飲料業界のパイオニア・スピリット

生島　淳 著

三島海雲
カルピス

磯野　計
キリンビール・明治屋

鳥井信治郎
サントリー

芙蓉書房出版

序に代えて

食生活の洋風化と飲料事業

鎖国という重い扉が開かれた明治維新以降、日本にはさまざまな外来文物が流入し、衣食住にわたって市井の生活様式は激変します。

食の面では、明治初年に日本で初めての西洋料理店が開業され、欧米に倣い、洋酒(ビール・ブドウ酒)、清涼飲料、パン、洋菓子、乳製品などの製造が始まりました。そのひとつ、清涼飲料については、ラムネ、蜜柑水、レモン水などが登場し、庶民の味として定着します。

そして、大正時代に入ると、このような「食の洋風化」への流れにますます拍車がかかります。重化学工業の進展に伴い都市への人工集中化現象が起きると、サラリーマン層を中心とする「新中産層」が形成され、彼らがこの新しい生活様式の担い手となったのです。衣服生活における洋装化、食生活においては牛乳、パン、洋菓子類、ビールなどが普及し、新しいライフスタイルが形成されていきました。

このような時代背景において、食品工業は著しく発達することになります。製糖、製粉、ビールなどの事業は、明治期に近代化を成し遂げ、資本の集中化が進められていましたが、水産加工（とくに缶詰）、洋菓子、洋酒（ブドウ酒）、乳業、製油業などは大正期、とくに第一次世界大戦を機に、いっせいに近代企業としての形を整え始め、激しい企業間競争の直中《ただなか》にありました。

激動の時代に輝く三人の企業家

この時期における企業間競争はとりわけ激しく、まさに百花繚乱ともいえる激動の時代でした。現在、その名を世に知られる企業のなかに、この時期に生まれた企業が数多く存在します。なかでも特筆すべき企業として挙げられるのがカルピス株式会社（以下、カルピス）です。創業者・三島海雲は、社名ともなった「カルピス」という、これまでに例のない飲料を発明し、同社を一躍、有力企業へと押し上げます。また、ワインやウイスキーなどの洋酒を手掛け、業種のトップ企業に成長した鳥井信治郎の寿屋（現・サントリーホールディングス株式会社、以下サントリー）も銘記されるでしょう。本書では、「飲料を育てた企業家」として、このカルピス（三島海雲）と、寿屋（鳥井信治郎）、そして明治中頃に主に販売面からビール及び清涼飲料の普及に貢献した磯野計（株式会社明治屋・麒麟麦酒（キリンビール）株式会社。以下いずれも「株式会社」を省略）を取り上げています。

現代にも通ずる大きな指針

「カルピス」の三島、「ウイスキー」の鳥井、そして、「ビール」の磯野計――。商品は、まったく異なるものの、三人の企業家は、いずれも「新しい味（飲料）」を広く国民に知らしめ、根付かせるという共通の功績を果たしました。

それゆえ、求められた資質、あるいは労苦は少なからず似ていたのかもしれません。三者の成功の理由を鑑みるとき、ある共通した特長が浮かび上がります。

それは、時代の行く末を読み解き、特定の商品を見い出した「先見性」と、いかに広く深く知らしめるかに心を砕き、それを実現した、いわば「発想力」といえるものでした。

三人の実業家は、その資質を最大限に活かし、成功を収めます。むろん、そこには、人知れぬ苦労や努力があったことは言うまでもありません。そして、彼らを知るうえで何よりも大事なのが、その粒粒辛苦を支えた「不撓不屈の精神力」にあります。逆を言えば、その精神力を支えたものは何だったのか――。彼らの成功を捉えるうえで、それが最大のキーポイントになるともいえるのです。

日本人に馴染みのなかったビールやウイスキー、そして乳酸菌飲料（「カルピス」）を、三人は「誰もが知る商品」にまで育て上げました。奇しくも激動の飲料業界において鍛えられ、生まれ得た三人の偉業は、現代においても色褪せることなく、いかなる業界業種においても有用な指針となるものでした。本編において、彼らの足跡を辿り、その経営哲学に迫ります。

情熱の日本経営史⑥

飲料業界のパイオニア・スピリット

目次

鳥井信治郎

磯野計

情熱の日本経営史⑥

飲料業界のパイオニア・スピリット

三島 海雲

「カルピス」で実践した「国利民福」の経営哲学

みしま かいうん

明治十一（一八七八）年七月二日、現在の大阪府箕面市に生まれる。大正六（一九一七）年にカルピス株式会社の前身ラクトー株式会社を設立。昭和四十九（一九七四）年十二月二十八日没。

第一章　多感な少年・青年時代

一、貧しい寺に生まれる

母の教え

三島海雲《みしまかいうん》は、明治十一（一八七八）年七月二日、大阪府豊能《とよの》郡*萱野《かやの》村（現・大阪府箕面《みのお》市）の浄土真宗・教学寺住職三島法城《ほうじょう》の長男として生まれました。母は雪枝といいます。教学寺は檀家の少ない「貧乏寺」でしたが、父・法城は、息子には自分の跡取りとしてふさわしい名前をと考え、「海雲」と名付けたのです。

幼い頃の海雲は、病弱のうえに、どもりという言語障害がありました。それは大変強いもので、普通に話をすることもできないほどでした。それゆえ、母の雪枝は「いい医者がいる」とどこからともなく聞きつけては、どんなに遠くても、海雲を連れて治療に出かけました。また、夜ともなると、近くの河原に海雲を連れて行き、大声で話す練習をさせたといいます。どもりを克服するために、雪枝はやさしく、またあるときは将来

萱野村
現在の大阪府箕面市の中心部にあたる。かつての摂津国豊島郡の一地域。

銭湯
母の銭湯の開業について、海雲は「銭湯は日銭が入るし、かけひきのいらない職業で、経験のない母にでもできるというのが魅力だったのだろう」と後に語っている。実家の近所で質屋を営んでいるおばに頼み、四〇〇円を借りて開業した。「柳屋」という名だった。

天文元（1532）年に創建された教学寺。海雲は13世住職・法城の長男として生を受ける。境内には海雲の功績を称える碑もある。

を案じ、涙をこらえながらも心を鬼にして、厳しく海雲に接しました。海雲は、そんな慈愛に満ちた母の下で育てられたのです。そして、母の努力が実ったのか、海雲のどもりは次第に回復し、五歳頃になると、人並みに話すことができるまでになりました。

一方で、父の法城は近所の婦人たちに麦藁帽子を作る手内職を行わせていました。前述のように教学寺には檀家が少なく、生活が苦しかったためです。しかし、この手内職で得られる収入には限りがあり、法城は海雲が六歳のとき、麦藁帽子作りを本格的な事業にしようと試みます。しかし、経営の術をまったく知らなかったので、この試みはあえなく失敗してしまいました。そこで雪枝は、家計を支えるために、近くの川辺郡伊丹町（現・伊丹市）で銭湯*を開業します。当時、銭湯は賤しい商売と考えられていたため、哀れみの目で見られることもありましたが、母は、世間の差別や偏見には意を介さず、海雲と共に伊丹に住居を移し、敢然としてこれを行ったのです。

銭湯というのは重労働であり、幼い海雲を抱え、女手ひとつで切り盛りするには、あまりに肩の荷の重い商売でした。しかも、顔見知りすらいない新しい場所での商売、さらには先の周囲の偏見もあり、商売は苦労の連続でした。しかし、幸いなことに、開業してからほどなく、尼崎から伊丹に通じる鉄道敷設工事*が行われることになり、銭湯はそこで働く労働者たちで賑わい始めます。

雪枝は、銭湯が繁盛して軌道に乗ると、その隣で質屋や寝具貸しの店を開きました。実は母が商売を始めたのも、そして辛いことに耐え、一生懸命働いたのも、生活を支える以上に、海雲を立派な人間に育てたいと思ったからです。そして海雲もまた、その思いに応えるように、母の背中をしっかりと目に焼き付けていたのです。

事実、海雲は後年、「私は母を思い出すたびに感謝の涙を禁じえない」と口癖のように語っています。海雲が果たした功績は順次追っていきますが、決意と情熱、そしてどんな苦労にも耐えて物事を成し遂げていったその企業家像は、まさに幼少期に見た母の姿だったのです。海雲は、企業家として活躍する傍ら、常に母を合わせ鏡にして自らを律していたのかもしれません。

また、海雲の性格の一端を表す面白いエピソードをここに紹介しておきます。それは海雲が小学生だったときのことです。海雲は、三島家に代々伝わる仏像を焼き捨ててしまいました。母が銭湯を始め、伊丹に移ってからは、父が月に一、二度伊丹に泊まりにやってきましたが、そのとき父はその仏像の前で読経するのが恒例でした。しかし、あ

鉄道敷設工事
現在のＪＲ福知山線。この工事は明治二十四（一八九一）年に川辺馬車鉄道会社が尼崎―伊丹間に開通させた馬車鉄道のこと。明治二十六年に摂津鉄道となり、明治三十年に阪鶴鉄道に合併され、その際、鉄道化した。路線を延伸していくなか、明治四十年に国有化される。福知山線となったのは明治四十五年。

る日、父が読経しながら経机の上を整理しているのを見るや、「形式的なおつとめをするだけの仏像なら尊敬に値しない」と、いきなり仏像を庭に持ち出して、新聞紙で焼いてしまったのです。日頃、母に苦労ばかりかけている父への不満が爆発してのことでした。海雲には、一度思い立てば自らの考えるままに突き進む、激しい一面もあったのです。

漢学塾へ入学

海雲は地元・萱野村の小学校で学びましたが、母が銭湯を開いてからは、伊丹の自宅から近くの小学校に通うことになりました。海雲はとても勉強熱心でした。その小学校では、校長の安田貞吉先生の下宿に毎晩通い、英語を習いました。それゆえ海雲は、小学校六年生の段階で、すでに中学校二、三年生程度の学力があったといいます。

海雲は安田先生に非常にかわいがられ、彼も先生のことを父のように慕っていましたが、海雲は、卒業を目前に小学校を中途退学してしまいます。原因は、安田先生があるスキャンダル*で学校を辞めたことにありました。信頼していた先生が学校にいないと思うと、海雲は学校に通うのが無意味のように思えてしまったのです。それほど海雲は一途な性格の持ち主でした。

スキャンダル
安田先生が自分の下宿に女性を入れたこと、さらにはその女性が芸者だったことが町の教育関係者に知られ、教育上よくないと学校を辞めさせられた。

学校を辞めたことを、両親は一切咎めませんでした。両親は、彼がもともと学問熱心なことに安心しており、学問については、海雲の自由にやらせていたのです。

中途退学した海雲は伊丹にある私塾弘深館《こうしんかん》に通い始めます。弘深館は、造り酒屋の主人である小西新右衛門が太田北山*という当時の日本で指折りの漢学者を招いて明治十七（一八八四）年に開いた塾です。なお小西家は日本酒の「白雪」というブランドで有名な名家です。

海雲は太田先生から多くのことを学び、精神的にも感化を受けたといいます。また、弘深館には、小学校の先生や篤志《とくし》な教育家などが学んでいたため、海雲はこれらの人たちとの交流を通じて見聞を広めることができました。

二、文学寮に学ぶ

杉村楚人冠との出会い

弘深館に一年ほど通った頃になると、海雲は、京都にある西本願寺文学寮*への入寮を志すようになります。父が寺の跡を継ぐことを希望していたこと、また、当時海雲が最も尊敬していた法然上人が歩んだ人生を自らも進んでいこうと考えていたからです。

太田北山
肥前小城藩（現・佐賀県）生まれ。漢学者。江戸で漢学を学び、帰藩後は藩校で学監と務めると同時に、重臣として藩政改革にも尽力した。弘深館を開く際に伊丹に移住する。とくに易経と詩経に通じ、千人以上もの門下生がいるという。文政十（一八二七）年～明治四十四（一九一一）年。

西本願寺文学寮
明治二十一年に京都西本願寺系の普通教校（明治十八年開校）の改称統合に伴い設置された。明治三十三年の学制の更改にあたって明治三十五年に高輪仏教大学となった。

そこで海雲は、文学寮の予備校ともいうべき反省会に入るため京都に出ます。反省会は主に英語、数学、漢文を教えていました。また、同校では、現在の『中央公論』*の前身でもある『反省会雑誌』という機関誌を出版していました。海雲はここで一年ほど学び、明治二十六（一八九三）年、十六歳のときに文学寮の予科二年に入学しました。当時の文学寮は、予科二年、本科三年、高等科二年の七年制で、本科三年までは普通中学の教育課程に仏教学が加わり、高等科では哲学、心理学、高等英文学が主な教育の対象になっていました。学生は三〇〇名ほどで、その大部分が寺の子供たちでした。

海雲はこの文学寮で、生涯にわたって深い親交を持つようになる杉村楚人冠《そじんかん》*と出会います。楚人冠は明治五年生まれで、海雲の六歳年上でした。楚人冠は本名を杉村広太郎といい、当時は文学寮で英文学の教師と舎監を兼務していました。後に朝日新聞の記者になり、「朝日新聞に杉村楚人冠あり」といわれるほど名文家として斯界に名を馳せた人物です。二人の親交が始まるきっかけは、海雲が朝の勤行《ごんぎょう》に遅れ、二日間外出禁止の罰を受けたときのことでした。大抵の生徒は、罰を受けるのがいやで、いろいろと弁解しようと試みます。海雲の遅刻も、寄宿舎の洗面所が学生数の割に狭いため、早起きしていながらもどうしても遅くなってしまったのが原因でした。しかし、海雲は、勤行に遅れたのは事実だから何の弁解もせず、素直に罰を受け入れたのです。楚人冠は海雲の態度に好感を持ち、以来、何かと目をかけるようになります。後に海雲が乳酸菌事業を

中央公論
明治三十二（一八九九）年一月創刊。普通教校の教授や学生が有志で組織した「反省会」の機関誌『反省会雑誌』（同二十年発刊）が改題されたもの。宗教色が強かったが『中央公論』となってからは小説や評論を掲載するようになった。

杉村楚人冠
和歌山県生まれ。国民英学会を卒業後、『和歌山新報』の主筆となったが、新仏教運動に参加したのが縁で文学寮に勤める。明治三十六（一九〇三）年、東京朝日新聞社に入社し記者として文名を高めた。コラム「天声人語」の命名者で、他社に先駆け調査部を設置したことでも知られる。明治五（一八七二）年～昭和二十（一九四五）年。

始める際、出資に協力したのも杉村でした。

また、海雲は学生時代にスポーツにも打ち込みました。休みになると琵琶湖でボートをこいだり、山登りをするなど活発に行動します。「このとき運動をさかんにやって体を鍛えたことが、自分の健康の基礎になっているのかもしれない」と後に海雲は語っています。

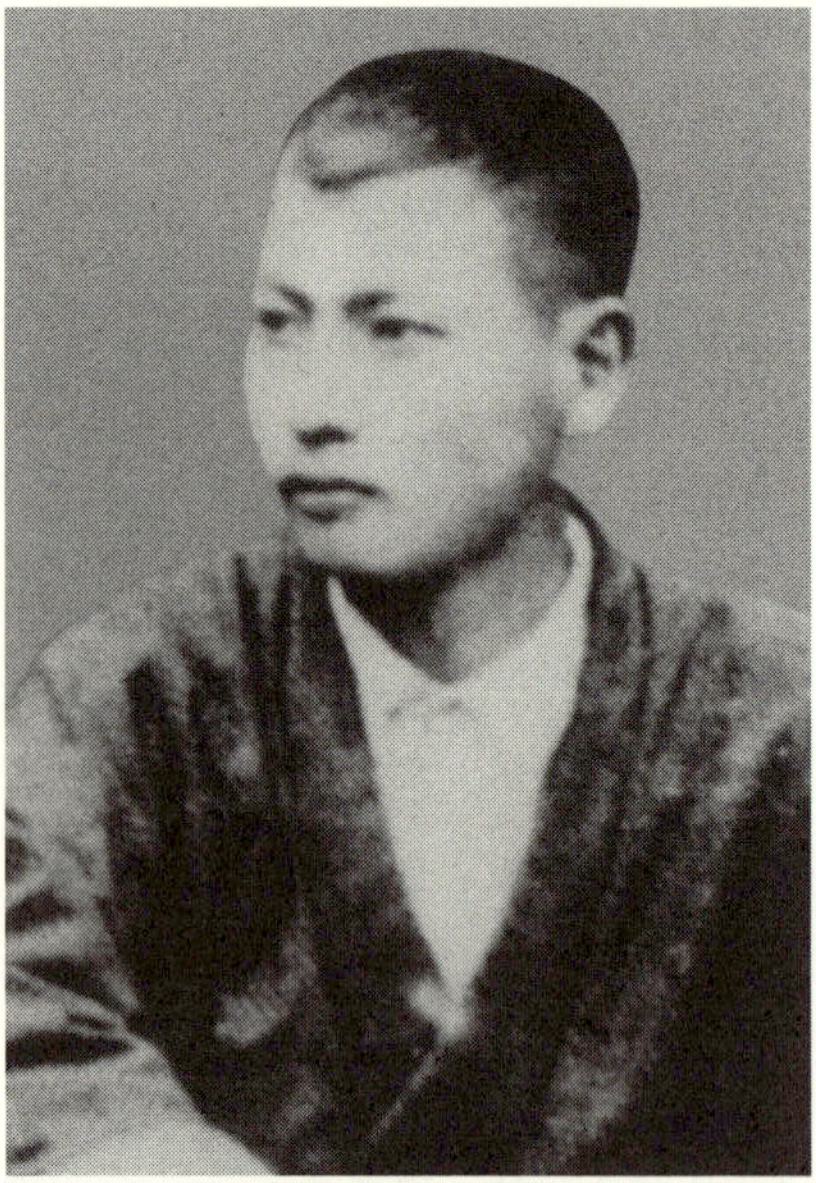

明治28年、文学寮本科生時代の海雲（17歳）。この頃出会った杉村との深交は50年続いた。

英語の教師になる

文学寮で勉学に励むうちに、海雲は、英語の教師を志すようになりました。英文学の講師である杉村の影響も少なからずあったと思われます。そして明治三十二（一八九九）年、二十二歳のときに文学寮を卒業した海雲は、山口県にある西本願寺系の開導中学に英語の教師として赴任します。この頃になると、郷里に戻って教学寺を継ごうとは思わなくなったようです。

教師になった海雲でしたが、いざ教壇に立ってみると、人に物事を教える難しさを痛感します。自分のなかでは当たり前と思いなんの疑問も持たなかったことまで、一つひとつ噛み砕いて教えなければならないのです。うまく教えられないとの焦りもあって、このまま教師を続けていいものかと大いに悩みました。しかし、海雲はここで挫けてはならないと踏みとどまります。改めて英文法の書物を読んで勉強し自らを奮い立たせ、ときには文学寮で世話になった先生に手紙を書いて教えを乞いました。また、英語教師の検定試験に合格すれば給料も上がり、励みにもなります。また何よりも自分の実力を試したいという思いが強まりました。

試験を目指し、奮闘する日々を送っていた折、海雲は新たな問題に直面します。寝食を忘れ、勉強に励んだばかりに、栄養の不調和による胃拡張を患ってしまったのです。海雲は郷里の母のもとで療養生活を余儀なくされます。試験は、この病気が原因で合格することはできませんでした。

教師を辞めて大学へ入学

海雲が山口にいる間、母校の文学寮は、明治三十三（一九〇〇）年の学生の更改に伴って東京に移転し高輪仏教大学*（明治三十七年に龍谷大学の前身・仏教大学に統合）になります。文学寮の卒業生なら同大学に無試験で入学できることになり、海雲のところにもその旨の通知が届きました。家の暮らし向きも母の長年の努力のおかげでかなり良

高輪仏教大学
明治三十三年、学制の更改で西本願寺系の学校は仏教大学、仏教高等中学、仏教中学の三種となり、さらに仏教大学は明治三十五年に仏教専門大学（京都）と高輪仏教大学（東京）に分立された。これに伴い文学寮は高輪仏教大学となる。だが二年後両校は統合し、仏教大学となった。

明治35年、24歳のときの海雲。この年海雲は中国へ渡った。

中島裁之
熊本県生まれ。普通教校（文学寮の前身）卒業後、上海へ渡る。以後、中国各地を遊歴。通訳として働いたこともあった。東文学舎を設立したのは明治三十四（一九〇一）年三月。また北京公使内田康哉とも同郷であったことから懇意になり、東文学舎を後援してもらった。明治二（一八六九）年～昭和十四（一九三九）年。

くなっていたので、海雲は教師を辞めて上京し、三年に編入学することにします。

　しかし、海雲は大学を卒業しませんでした。なぜなら、大学に編入して間もなく、海雲に転機が訪れたのです。中国・北京に東文学舎という塾を開いていた＊中島裁之《さいし》から、北京に新しくできた中学校へ教師を派遣して欲しいと高輪仏教大学に依頼があり、それに海雲が推薦されたのです。当時の中国大陸は、日本の青少年の憧れの地でもありました。青雲の志を抱く多くの若者が、無限の可能性と夢を求めて、広大な大陸へと渡っていたのです。

　推薦を受けた海雲は、北京に行く決心をして準備を進めます。ところがまさに出発しようとしていた矢先、北京側から「すでに決まったので派遣は取りやめて欲しい」と電報が届きます。海雲の派遣はなくなってしまいました――。けれども、海雲は、ともかく一度は中国へ行ってみようと、学校を中退して北京へと発ちます。明治三十五（一九〇二）年二月、海雲二十四歳のときです。

　なお、海雲は高輪仏教大学には短期間しか在籍しませんでしたが、精神面では大きな影響を受けたといいます。とくに＊前田慧雲《えうん》先生（後の龍谷大学学長）が講義のなかで話した「世間ではね、『金銭』を得ることはたいへん難しいことのようにいうが、案外たやすいものだ。必要な金はどこからか湧いてくるものだ」という言葉は、海雲の頭の中に一生残ることになりました。後年、海雲は「事業を興した私は、この言葉の真理を身をもって理解した。事業は金がなければできないが、正しく確たる信念で裏付けられた事業には、必ず金は自然に集まってくる」と語ったように、彼が事業を行ううえでの重要な精神的支柱となったのです。

明治38年、27歳のとき北京にて。

前田慧雲
伊勢国桑名（現・三重県桑名市）生まれ。明治・大正時代の浄土真宗本願寺派の学者。桑名の西福寺覚了の長男として生まれ、明治十三（一八八〇）年から同寺住職となる。その後大分にて宗学を研鑽し、京都において大谷光瑞の学問所に出仕する。明治三十三年に東京に移り教務講究所長に就任。さらに高輪仏教大学（明治三十六年）、東洋大学（明治三十九年）、龍谷大学（大正十一年）の学長を歴任した。多数の著作があり、つねに本願寺派宗学の指導的地位にあった。安政二（一八五五）年〜昭和五（一九三〇）年。

第二章　中国大陸での経験と新たな挑戦

一、中国大陸での事業活動

土倉五郎との出会い

明治三十五（一九〇二）年二月に北京に渡った海雲は、まず中島裁之を訪ねました。中島は「そもそも自分が教師の派遣をお願いしたのだから」と、便宜を図り、海雲に東文学舎の教師職を斡旋します。東文学舎は、中国に渡った日本人に中国の現状を教え、かつ中国語を学んでもらうことを目的とした学校で、中国人にも門戸を開き、日本語などを教えていました。海雲はここで中国人に日本語を教え、自身も中国語の勉強に励みます。教師として過ごした中国での日々は、海雲にとって充実した日々だったようです。

また、このとき海雲は半年ほど東文学舎を離れ、*直隷《ちょくれい》省（現・河北省）にある中学校の教官も勤めています。

明治三十六年、直隷省から東文学舎に戻った海雲は、そこで土倉《どくら》五郎という人物に出会います。土倉五郎は、彼の姉で、北京行使を務めていた内田康哉*の妻・政子を頼り、北京にやって来ていました。彼の父親は、当時、日本の林業の発展に大きな功績を残し「日本の造林（山林）王」と称えられた実業家・土倉庄三郎*で、自身も中国で実業家になることを夢見て、同国にやって来たのです。ちなみに、詳細は後述しますが、海雲がラクトー株式会社を設立するときに資金援助をしてくれたのが、五郎の兄にあたる土倉龍次郎です。

一時は自信を失い、教職への道に不安を抱いていた海雲ですが、この頃になると教師として、ある程度の経験、成果を残せたと自負するようになります。一方で、そうした充足感では飽き足らなくなってきたことも事実でした。そしていつからか大きなやりがいを求め、「実業家」への道を意識するようになります。五郎との出会いは、まさに教師から実業家への転身という、海雲にとってのターニングポイントでもあったのです。

東文学舎に戻った海雲は、宿舎で五郎と同室になりました。寝食をともにするなかで、「実業家になる」という同じ夢を持った二人は、たちまち意気投合し、兄弟以上の親しい間柄になります。そして海雲は、二人で事業を始めようという土倉の誘いに同意し、教職を辞職することにしたのです。

直隷省
清国における黄河下流の北部地域を指した行政区画。明治四十五（一九一二）年に中華民国が成立してからは、同国政府の行政権が及ぶようになった。昭和三（一九二八）年に北京から南京に首都を移したときに京兆地方を統合して河北省として改編される。

内田康哉
肥後国（現・熊本県）八代郡生まれ。外交官、政治家。明治二十（一八八七）年に帝国大学法科大学政治学科を卒業後、外務省に入省。清国行使、アメリカ大使、ロシア大使などを歴任した。また第二次西園寺内閣、原敬内閣などで外務大臣を務めた。慶応元（一八六五）年～昭和十一（一九三六）年。

土倉庄三郎
大和国（現・奈良県）吉野郡生まれ。林業家。家業の林業を十六歳で継ぐ。吉野郡内で九〇〇〇町歩の山林を経営すると共に、群馬、兵庫、滋賀、台湾などでも造林。また吉野川の水路改修や東熊野街道開設に尽力した。天保十一（一八四〇）年～大正六（一九一七）年。

開店当時（明治36年頃）の日華洋行。土倉はその後帰国し、海雲に経営は託された。

日華洋行の設立

海雲と土倉は、どんな事業をしようかと悩み、東文学舎の中島裁之に相談しました。このとき中島は二人に「行商」を勧めます。当時*青島《ちんたお》を租借していたドイツ軍が中国において自国商品の売り込みに成功していたからです。中島は、日本人にも商機があると考えました。これを聞いた海雲と土倉は、行商隊を組織して、日本の商品を中国で販売し、普及させることを決意します。そして、二人は、明治三十六（一九〇三）年十月、北京で雑貨貿易商「日華洋行」を設立し、事業を開始しました。なお、事業の資金は土倉が実家から融通しました。

海雲らは、東京から化粧品、雑貨などの商品を仕入れ、北京を中心に行商を行いました。ただ、二人にとっては初めての商売だけに、なかなか順調にはいかず、むしろ失敗の連続といえるものでした。経営が軌道に乗ってくるのは三カ月ほど経ってからです。なお、当時の北京には政府の役人や留学生を含めわずか二〇〇名ほどの日本人しかおらず、日華洋行は、日本人の情報交換の場としての役割も担っています。

さて、海雲らの事業が好転したきっかけのひとつに、明治三十七年二月に勃発した日露戦争がありました。このとき、日本軍は戦争に備え、満州の軍馬をほとんど買い上げていました。しかし、戦線が拡大すると共に、それだけでは足りなくなったため、内モンゴル（中国内蒙古自治区）から追加調達することを企図し、これを聞いた土倉五郎の兄、四郎は、陸軍省に働きかけて*軍馬の納入権を得ることに成功します。そして、四郎はこの仕事を海雲に依頼したのです。海雲は、陸軍から派遣された軍馬購買委員四名と共に内モンゴルの奥地まで入りました。蒙古では馬がもっとも良く肥える秋に、牛馬の売買が盛んに行われます。海雲らが訪れたのは秋も終わる頃で、馬の数が少ない時期でした。しかし、海雲は東奔西走し、なんとか百数十頭の馬を調達することができました。海雲はその重責を果たしたのです。

海雲はこれを機に、日露戦争後も、内モンゴルの牛を日本に輸送したり、軍銃を内モンゴルで販売したり

軍馬調達当時の海雲（前列左）と土倉五郎（同右）、四郎（中央）。この調達によって海雲とモンゴルとの関係は始まった。

するなど、同地での事業活動を展開していきました。とくに、軍銃の販売は日華洋行に大きな利益をもたらします。また、これらの事業を通じ、海雲は内モンゴルの王族や有力者と昵懇となり、同地に深く根を下ろすことになります。そして、明治四十一（一九〇八）年に、商用で訪れたケシクテン*（克什克騰旗）という地で、後に海雲の事業基盤となる酸乳に出会ったのです。

緬羊改良事業

明治四十二（一九〇九）年、日本に一時帰国した海雲は、桜井義肇という文学寮の先輩の紹介で、大隈重信伯（当時）と話をする機会を得ました。このとき牛を輸送した話や原野での放牧の話など海雲のモンゴルでの経験を聞いた大隈は「いま日本は、オーストラリアから年々一千万円近い羊毛を輸入している。もしこれを蒙古から輸入できるようになれば、蒙古との間に、より緊密な経済関係もできるし、国策上もたいへんよろしい」と話し、海雲に緬羊《めんよう》の飼育、改良を勧めたのです。大隈の話は、海雲を勇気付けました。

早速、内モンゴルに戻った海雲は、土倉と協議のうえ、日華洋行を部下に譲ることにし、緬羊事業に着手しました。海雲は、モンゴルで稼いだ金は、モンゴルのためになる

青島
中国山東省の港湾都市。明治三十一（一八九八）年にドイツの租借地となり第一次世界大戦期に日本が占領。大正十一（一九二二）年中国に返還。

軍馬の納入権
このとき土倉四郎は台湾総督府の役人で、後に衆議院議員を務める佐々木安五郎と連携。佐々木は蒙古に精通し「蒙古王」と呼ばれていた。土倉家とは鶴松（庄三郎の長男・四郎の兄）が佐々木に出資していたことからつながりがあった。

ケシクテン
内モンゴルの大興安嶺の南斜面に位置する。海雲にとって思い入れのある地で、長男にも「克騰（かつとう）」と名付けたほどである。

事業に投資しようと、常々思っていました。広大かつ肥沃な大地に恵まれた内モンゴルは、緬羊事業に最適な土地であり、殖産という点においても、モンゴルのためになると考えていました。

軍馬調達でモンゴルの地理を知り尽くしていた海雲（前列左端）。歴史学者・桑原博士（前列中央）の案内役を頼まれ東モンゴルを旅し、その後、酸乳に出会う。

海雲は、*モンゴル赤峰《チャーフォン》の東北に位置する、アオハン王族王子廟の活仏（ラマ教の首長）から、現在の東京都二三区（六二〇平方キロメートル）に匹敵する土地を借り受け、さらに同地で緬羊を放牧する許可も得ました。

　海雲は、現地で三〇〇頭のメスの緬羊を購入し、さらに日本の千葉にある御料《ごりょう》牧場から、*メリノー種の種付け用羊を輸送させます。一年後には、改良種が数頭生まれ、緬羊の大量飼育・改良の見通しが立つなど、緬羊事業は思いのほか順調なスタートを切り、海雲は内モンゴルでの事業家としての地歩を、さらに固めていったのです。

　しかし、海雲の事業は、道半ばにして挫折せざるを得ない状況に追い込まれてしまいます。*清国政府が、国内における外国人の殖産興業活動を禁止する方針を採ったのです。清国政府は、その頃すでに内部的にも〈末期的な症状〉を示しており、とくに外国資本の進出には神経をとがらせていました。海雲は清国政府と交渉しましたが、その決定を覆すことはできませんでした。当時の『大阪朝日新聞』にも、清国政府の排外思想を批判する社説が掲載され、その一例として海雲の牧羊事業への圧迫の様子も取り上げています。

その後、清国は明治四十四（一九一一）年に辛亥革命により滅亡します。事業の存続をかけて、海雲は当初、「賠償」を盾に清国政府と闘う姿勢を見せていましたが、交渉相手がいなくなったうえ、現地の政情が不安定になり、身の危険すら危ぶまれる事態になってしまいました。海雲は、やむなく事業を整理し、大正四（一九一五）年春、三十八歳のときに日本に帰国することにしたのです。

二、「醍醐味」の製造

酸乳との出会い

海雲は、郷里である大阪の萱野村に戻りますが、内モンゴルでの事業を失い、一文なしの状態になっていました。なお海雲は明治三十八（一九〇五）年に結婚し、すでに三

モンゴル赤峰
中国内モンゴルの東南部に位置する。ケシクテンは赤峰にある。

メリノー種
羊の一品種で、毛用種の代表格。

清国
中国の統一王朝のひとつ。一六一六年〜一九一一年。中国東北の女直族のヌルハチが金を建国、二代ホンタイジが国号を清と改めた。三代順治帝のときに全土を統一し、都を瀋陽から北京に移した。康熙（こうき）帝・雍正（ようせい）帝・乾隆（けんりゅう）帝の頃が全盛で中国史上最大の帝国となる。一九世紀に入ると欧米資本主義勢力が侵入し次第に半植民地状態に陥った。一九一一年辛亥革命により滅亡。

モンゴルの草原に建つ包（パオ）。桑原博士らの案内役を務めた海雲は、赤峰で一行に別れを告げ、ケシクテンへ向った。海雲はそこでチンギス・ハーンの子孫である貴族のパオに滞在した。

人の子供を抱えていました。生計を立てるためにも、何か事業を始めなければならないと考えますが、肝心の何をするかはなかなか見つからず、思い悩みます。そのような折、東京や大阪のミルクホール（喫茶店）で売られていたヨーグルトが新しい食べ物として、巷の話題になり始めていました。これを知った海雲は、ヨーグルトとは別の、乳酸菌を使った食品の製造を思い付きます。「乳酸菌」に着目したのは、彼がモンゴルにいたときに、蒙古民族の生活を通して、そのすばらしい効用を身をもって体感していたからでした。

明治四十一年、海雲が商用で内モンゴルで最も標高の高いケシクテンに滞在していたときのことです。海雲は、チンギス・ハーンに代表される蒙古民族の逞しさはどこからくるのかという疑問にとらわれていました。そしてある日、彼らの住居である包《パオ》というテントの入口に置かれていた大瓶《かめ》の中に、その秘密があることに気が付いたのです。

遊牧民は牛や羊を追い、水と草を求めて移動する。彼らの食は乳から作られる乳製品が中心となり、非常に質素である一方、海雲は彼らの逞しさには驚くべきものがあると感じていた。

大瓶は羊の皮で覆われて、中には乳が蓄えられていました。それは乳酸菌の発酵で出来たすっぱい牛乳で、内モンゴルの遊牧民はそれを棒で静かにかき混ぜながら毎日飲用していました。彼らは飲んだ分だけその日にしぼった新鮮な乳を注ぎ足すため、大瓶の中身は減ることがありません。また彼らは、この乳を原料にしてチーズ、乳酒などの乳製品をつくり、これを食料としていました。

ちなみに、大瓶に乳を蓄えておくのは理由がありました。これは、瓶《かめ》の中の乳に生息する乳酸菌が、自然に繁殖するのを待つためです。この乳酸菌は、人間の内臓に寄生する有害な細菌を駆逐し、健康を促進するといわれています。

海雲は、彼らに勧められて、大瓶のすっぱい牛乳やそれでつくられたクリームを口にしていました。そして、数日経ったとき、長い旅のためにすっかり弱っていた胃腸の調子が回復し、体全体の調子も良くなって

酸乳を蓄えた瓶。海雲がこの乳を口にしてから数日後、胃腸の調子が整ったうえに、日頃苦しんでいた不眠症も治っていることに気が付いた。酸乳に対して「不老長寿の霊薬」かのような印象を受けたという。

いることに気付きました。身をもってその力を知ることができたのです。海雲はこれこそが蒙古民族の逞しさの源であると確信したのです。

北京に帰ってから、再び体の調子を崩した海雲は、この酸乳の効果を再認識します。そこで明治四十二（一九〇九）年に再びケシクテンを訪ね、彼らが食べている乳製品のすべての製法を教えてもらうことにしました。内モンゴル滞在中に毎日酸乳を飲用するようになった海雲は、すっかり健康を取り戻します。酸乳との出会いは、海雲にとって強烈な体験だったのです。

その後、海雲は大阪で実際にヨーグルトを試食しています。しかし、それは内モンゴルで口にした酸乳ほどの美味しさがあるとは、海雲には感じられませんでした。それゆえ海雲には、内モンゴルで味わった栄養豊かな酸乳を日本人に紹介することが天命のように思われたのです。

海雲は酸乳との衝撃的な出会いを経て、その事業化に揺るぎない確信を抱いた。しかし、それでもなお第三者の意見を聞き、独善と錯誤に陥ちいることを回避した。写真はモンゴルでの海雲（右端）。

醍醐味合資会社の設立

海雲は新しい乳製品の開発に取り組むことを決意しますが、事業を始めるだけの資金がありませんでした。そこで、杉村楚人冠や、日華洋行で海雲と共に働いた後、京都市議会副議長に就任していた橋井孝三郎など、恩師や友人から合計二五〇〇円を出資してもらい、大正五（一九一六）年の春、決意を胸に上京します。

上京に先立って、海雲は、京都帝国大学（現・京都大学）医学部を訪問し、医学博士である*佐々木隆興《たかおき》、*松下禎二《ていじ》、*藤波鑑《あきら》に事業についての意見を求めています。海雲は、土倉五郎の姉を夫人とする同志社病院院長佐伯理一郎から三人を紹介されたのです。佐々木教授は「いかなる名医といえども、最後の判断は患者自身の直覚にまたねばならぬ」と言い、松下教授は「ギリシアの古代から多くの学者は、何か一品だけ食べて生活のできるものはないかと研究し、常に失敗した。

牛乳がそれであること、完全食であることを知ったのはごく最近のことだ」と語りました。そして藤波教授は「三島さん、こんどは蒙古で苦労されたその報酬がきっとありますよ」と激励したのです。海雲は三人の言葉に励まされ、乳酸菌食品の事業化への決意を確固たるものにします。

海雲がつくろうとしていたのは、内モンゴルで「ジョウヒ」といわれるものでした。酸味のあるクリームからつくられたもので、瓶の中に二、三日貯蔵して、乳酸発酵させたものです。酸味を和らげるために、通常は砂糖を加えて食べられていました。ただし、牛乳からとれるクリームはわずかで、しかも、内モンゴルでは砂糖は貴重品だったため「ジョウヒ」は乳酸菌発酵食品のなかでも贅沢な品でした。当時の日本では、乳酸菌発酵食品が医学・栄養学関係者の注目を集めていたこともあり、ヨーグルトよりもおいしく滋養に富む「ジョウヒ」の事業化には、友人たちも大いに賛成しました。

上京した海雲は、大正五年四月に東京本郷区駒込林町（現・文京区千駄木）にあった牛乳店・牧田楽牛園の一室を借りて「醍醐味合資会社」を設立し、「ジョウヒ」の製造を開始しました。

「醍醐味（サンスクリット*語でサルピルマンダ〈sarpir manda〉）」という言葉の「醍醐」とは、本来は「牛乳を精製して得られる最上のもの」という意味ですが、それが美味で、しかも滋養に富むところから転じて、仏性、仏恩の妙趣《みようしゅ》に例える言葉となったの

佐々木隆興
東京都生まれ。医学者。京都帝国大学教授、杏雲堂医院院長を歴任。昭和十四（一九三九）年、佐々木研究所を創設し、結核や癌の研究に尽力。明治十一（一八七八）年～昭和四十一（一九六六）年。

松下禎二
鹿児島県生まれ。医学者。京都帝国大学で衛生学や微生物学を教える。明治八（一八七五）年～昭和七（一九三二）年。

藤波鑑
愛知県生まれ。医学者。京都帝国大学教授で病理学を教える。明治三（一八七〇）年～昭和九（一九三四）年。

サンスクリット
梵語。インドの古語。

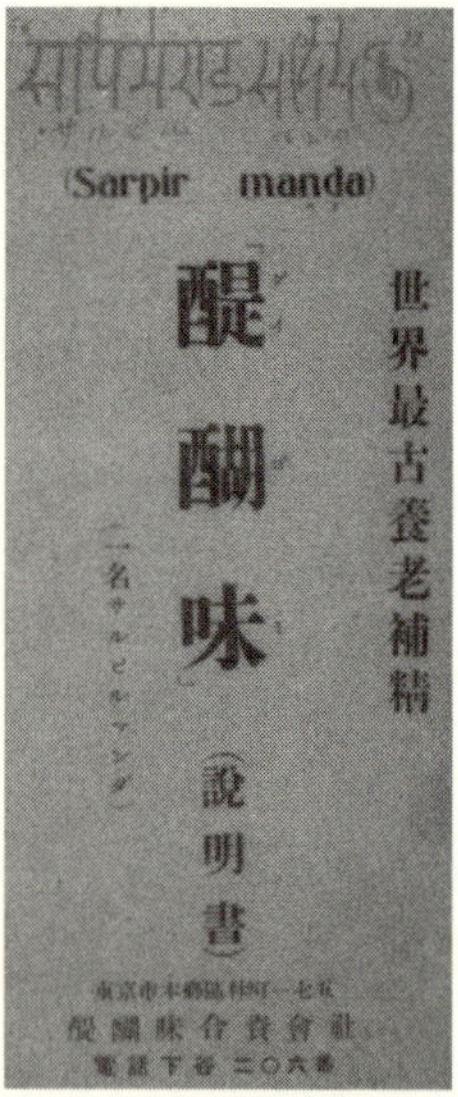

醍醐味に同梱された説明書。

です。つまり「仏性にも比すべき絶妙な美味、あるいは仏恩にもたとうべき万病に効く食品」を表します。海雲は、迷うことなく「ジョウヒ」を「醍醐味」と名付けました。

「醍醐味」を待ち受けた〈成功の失敗〉

当初、海雲の事業は好調でした。原料の牛乳は牧田楽牛園から仕入れ、販売は杉村楚人冠に紹介してもらった実業之日本社の代理部をはじめ、東京銀座の函館屋酒店、新宿中村屋及び薬種問屋などと特約店契約を結び、東京市内を中心に販売体制を構築していきました。

また、このとき海雲は広告宣伝にも力を注ぎました。新聞記事やチラシに工夫をこらし読者の関心を惹くようにします。「世界第一の滋養料・醍醐味、今、副食物として提供さる。世界第一たるべき日本国民はまず世界第一の精力を養はざる可らず」、「驚くべき世界最古の滋養強壮料」、「健康を増進し、病根を一掃し、老衰を予防する」などを見出しに、海雲自身の内モンゴルでの体験談を載せたり、ときには「本品ガ弘ク世間ニ行

大谷光瑞法主
宗教家、探検家。浄土真宗本願寺派二一世法主光尊の長男。十五歳で得度。明治三十五（一九〇二）年、教団活動の一環としてインドで仏蹟の発掘調査を行う。翌年、二二世法主に。教団の近代化を推進し、日露戦争には多くの従軍布教使を派遣。海外伝道も積極的に進め、孫文との会見（大正三年）を機に中華民国の最高顧問になった。明治九（一八七六）年～昭和二十三（一九四八）年。

ハレ候ハバ国民ノ体力ニ及ボス効果ハ必ズ偉大ナルモノアラント確信致候間速ニ普及ヲ計ラレンコトヲ希望致候」という浄土真宗本願寺派大*谷光瑞《こうずい》法主から寄せられた文や、医学博士たちの推薦文も掲載しました。

とくに、雑誌『実業之日本』大正五（一九一六）年十二月一日号と十二月十五日号に掲載された一二頁にわたる「醍醐味」の紹介記事は、大きな反響を呼びます。さらに、実際に食した人のほとんどが「醍醐味」の味を気に入り、再び買い求めたため、生産が間に合いませんでした。実業之日本社は受注処理よりも、むしろ注文を断るのに手を焼くほどでした。

「醍醐味」の価格は一日分として一〇〇グラム壜入りが二二銭、七日分として七二〇グラム（約四合）壜入りが一円四〇銭として売られました。当時の米の価格が一〇キログラムで約一円二〇銭でしたから、「醍醐味」は決して安いものではありません。しかし、当時のヨーグルトよりも脂肪分が七倍から一〇倍と大変

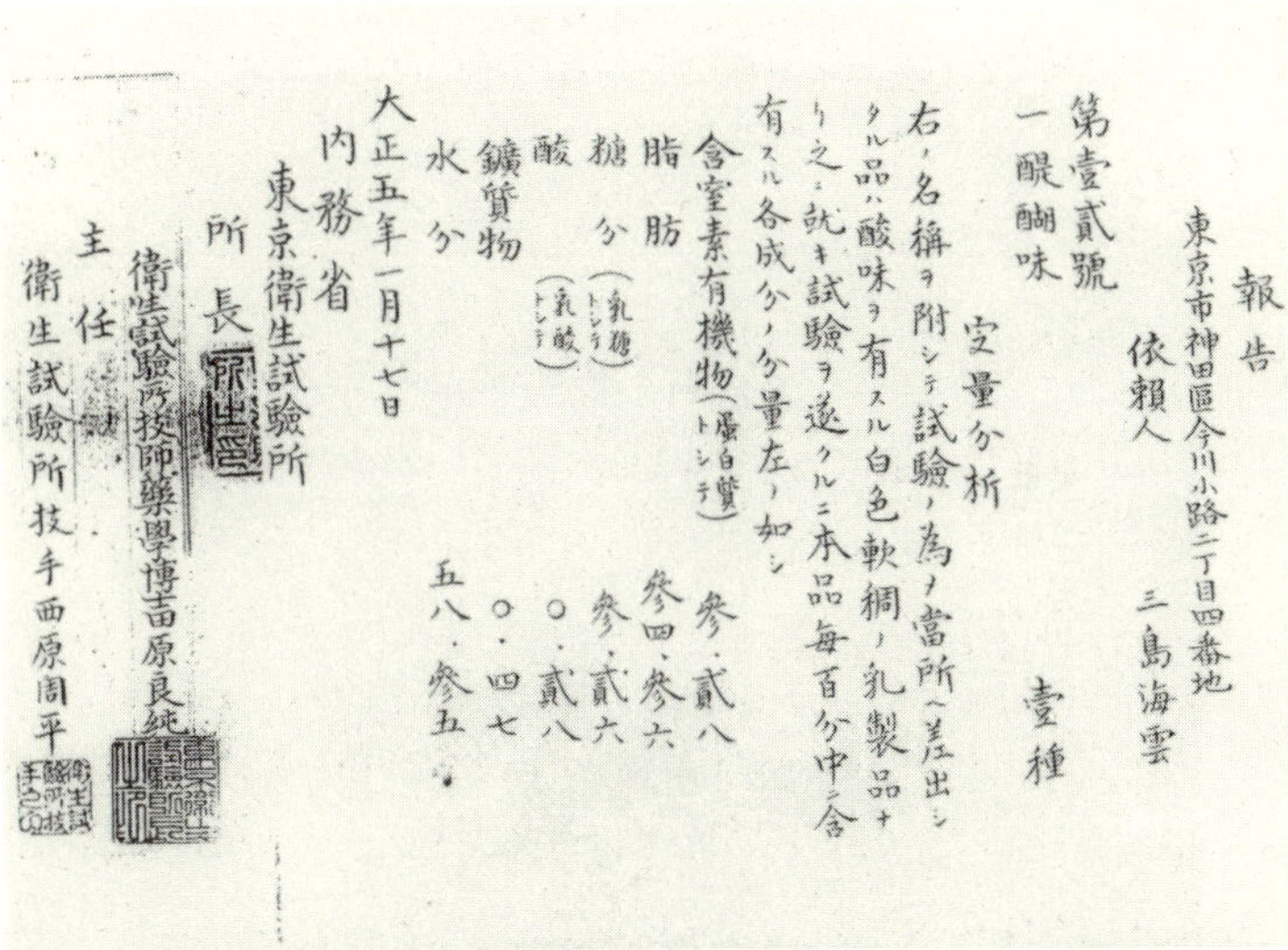

報告

東京市神田區今川小路二丁目四番地
依頼人　三島海雲

第壹貳號
一醍醐味　定量分析　壹種

右ノ名稱ヲ附シテ試驗ノ為メ當所ヘ差出シタル品ハ酸味ヲ有スル白色軟稠ノ乳製品ナリ之ニ就キ試驗ヲ遂ケタルニ本品毎百分中ニ含有スル各成分ノ分量左ノ如シ

含窒素有機物（蛋白質トシテ）	參・貳八
脂肪	參四・參六
糖分（乳糖トシテ）	參・貳六
酸（乳酸トシテ）	〇・貳八
鑛質物	〇・四七
水分	五八・參五

大正五年一月十七日
内務省
東京衛生試驗所
所長　衛生試驗所技師藥學博士田原良純
主任　衛生試驗所技手西原周平

内務省東京衛生試験所による「醍醐味」の成分分析結果（大正5年1月17日付）。醍醐味には34.36%もの脂肪分が含まれていた。これは全乳ヨーグルトの7〜10倍に相当する。

牧田楽牛園の牧場。海雲は大量の注文に対応するため、牛乳の買い付けには日本酪農発祥の地、千葉県安房郡にまで足をのばしたが、思うような成果は得られなかった。

滋養に富み、そのうえおいしい「醍醐味」を人々は求めたのです。

しかし、「醍醐味」は〈成功の失敗〉に終わりました。あまりの大量の注文に、集乳・生産の両方とも完全に間に合わなくなってしまったのです。「醍醐味」は製品としては優れていましたが、大量生産のできる食品ではありませんでした。もともと原料のクリームが牛乳一斗（約一八リットル）から一升（約一・八リットル）弱しか取れず、まして当時は酪農が未発達で、一石（約一八〇リットル）の牛乳を集めるのにも困難を伴いました。東京では新しい仕入先の余地がなかったため、海雲は、千葉の南房総まで行き、船で東京に運ぶなど、必死に原料を買い付けますが、ただそれでも人々の求めに応えるには不十分でした。実業之日本社では販売よりも注文を断ることに追われる状況が続きます。海雲は同社の体面に関わると考え、発売後わずか数カ月で「醍醐味」の販売を中止する決断を強いられたのです。

この失敗にはもうひとつの問題がありました。「醍醐味」ではクリームを取った後に残される脱脂乳を処理する体制が整っていなかったのです。大量ゆえにゴミとして捨てるわけにいかず、海雲は脱脂乳の一部を豚の飼料として、近隣の農家に引き取ってもらいましたが、残りは田んぼに捨てざるを得ませんでした。しかし、これでは稲の葉ばかり繁って困るとの苦情が農家から相次ぎ、その処理法が緊急の課題となっていたのです。

そこで海雲は脱脂乳を乳酸菌で発酵させた新たな食品を開発し、これを「醍醐素」と名付け、販売を開始します。大正六（一九一七）年六月に「乳酸、乳酸菌及びカゼインを主成分とする自然的強壮食品」と銘打ち、四合壜入り一本で四五銭としましたが、思いのほか売れず、商品としては成功しませんでした。

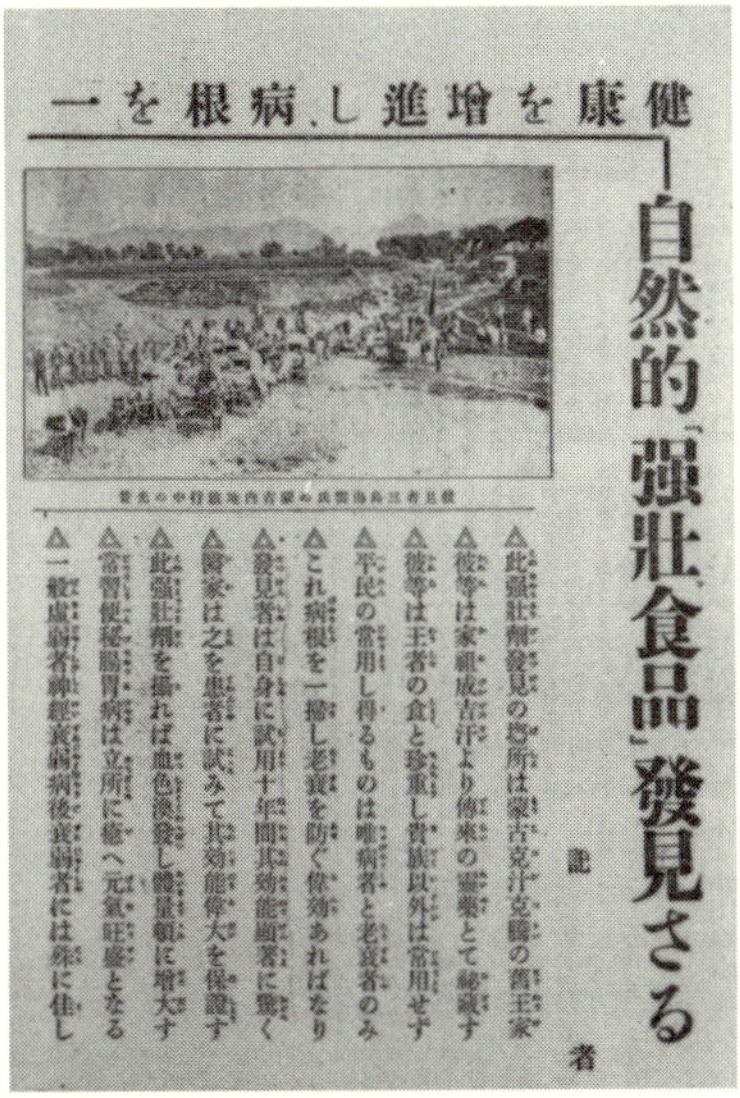
健康を増進し病根を一
自然的「強壮食品」發見さる
記者
△此強壮劑發見の場所は蒙古克什克騰の舊王家
△彼等は家祖成吉汗より傳來の靈藥として秘藏す
△彼等は王者の食と珍重し貴族以外は常用せず
△平民の常用し得るものは唯病者と老衰者のみ
△これ病根を一掃し老衰を防ぐ偉効あればなり
△發見者は自身に試用十年間其効能顕著に驚く
△醫家は之を患者に試みて其効能偉大を保證す
△此強壮劑を攝れば血色煥發し體量頓に増大す
△常習便秘腸胃病は立所に癒へ元氣旺盛となる
△一般虚弱者神經衰弱病後衰弱者には殊に佳し

雑誌『実業之日本社』に掲載された記事。

三、「ラクトーキャラメル」の失敗

乳酸菌の研究に着手

「醍醐味」と「醍醐素」は失敗に終わりましたが、海雲は新たな製品開発のため、東京帝国大学（現・東京大学）、＊隈川宗雄《むねお》教授の衛生学研究室で乳酸菌の研

常食品にして
防腐力ある
千古の強壮料
ダイゴソ
醍醐素
永久不變理想的酸乳
殺菌能率 普通ヨーグルド五倍
價 四合入 半月分 三十五錢地方送料二十錢
東京本郷區駒込林町一七五
醍醐味合資會社
振替東京三四一四四

大正6年の広告。当時の日本では脱脂乳の利用方法が少なく、「醍醐素」は画期的な商品だった。

究に着手します。海雲は、脱脂乳の利用法さえ解決すれば、むしろ「醍醐味」を副産物として製造できると考えていました。そこで乳酸菌について一から研究し直したのです。

このとき海雲は、東京帝国大学大学院生・高木八郎の協力を取り付けます。海雲が六本木にある額田病院院長・額田豊博士に脱脂乳の利用法について相談した際、高木を紹介してもらったのです。なお高木は後に隈川博士の養嗣子になり、カルピス製造株式会社（六八頁参照）の取締役を務めることになった人物です。

折しも、巷では大正三（一九一四）年に発売された森永製菓の紙サック入り「ミルクキャラメル」が人気を博し、海雲はここから「乳酸菌入りキャラメル」製造を思い付きます。そして研究の末、その開発に成功し、製造特許取得に成功しました。

隈川宗雄
福島藩（現・福島県）生まれ。医学者。駒込病院医長を経て、明治二十四（一八九一）年に帝大医科大（現・東京大学医学部）教授に。安政五（一八五八）年～大正七（一九一八）年。

津下紋太郎
備前（現・岡山県）生まれ。実業家。明治三（一八七〇）年～昭和十二（一九三七）年。

乳酸菌入りキャラメルという新製品の構想が固まった海雲は、新会社設立の資金繰りのため、土倉四郎と五郎の兄である竜次郎を訪れました。海雲と親しい竜次郎は、何か新製品の特許を取得したら事業資金を斡旋すると海雲に約束していました。しかし、当時の土倉家は、長男の鶴松が事業に失敗し、以前の「造林（山林）王」の面影はありませんでした。そこで竜次郎は、同志社英学校（現・同志社大学）時代の学友で、宝田《ほうでん》石油（後に日本石油と合併）で専務取締役を務めていた*津下《つげ》紋太郎を紹介します。津下は海雲の話を聞き、新会社設立に援助することを快く了承しました。

津下紋太郎。海雲への協力は惜しまなかった。

津下に出資してもらった資金をもとに、大正六（一九一七）年六月二十八日、海雲は新会社のための発起人総会を開きます。そして、同年十月十三日にラクトー株式会社を設立します。資本金は二五万円で、取締役会長に津下、専務取締役に安東守男が就任し、海雲は技師長格で取締役になりました。また、津下、土倉竜次郎、海雲やその親戚、友人など六二名が株主になり、本社事務所は醍醐味合資会社の本郷の事務所を引き継ぎます。

なお、ラクトー株式会社は、ラテン語の「乳」を意

大正末期の恵比寿近辺。工場跡地は現在、同社の研究開発センターになっている。

味する〈Lacto〉から命名されました。出資者からは三島屋とか三島商店という商号にしてはどうかという意見もあったようですが、海雲は個人の企業ではなく、先輩や知人の援助のなかでこそ自分がやっていけるのだという意味から、社名に個人名を冠することに賛同しませんでした。また、同じ観点から、同社を小さいながらも株式会社としたのです。

ラクトー株式会社では、当初「醍醐味」と「醍醐素」のみを自社で生産し、乳酸菌入りキャラメルは適当なメーカーを選び下請として製造してもらう計画でした。しかし、委託先がなかなか見つからなかったため、乳酸菌入りキャラメルも自社生産することにします。

そこで、翌大正七（一九一八）年三月に東京府多摩郡渋谷町大字下渋谷字向山（現・渋谷区恵比寿南二丁目）に工場を完成させ、六万円で購入した製造機械を設置しました。本社所在地も同地に移し、事務所の業務も移管しました。また、女子工員を二〇名雇い入れ、製菓職人も新宿中村屋から斡旋してもらい、三月下旬に乳酸菌入りキャラメルを「ラクトーキャラメル」と名付け、生産に着手します。

「ラクトーキャラメル」の発売

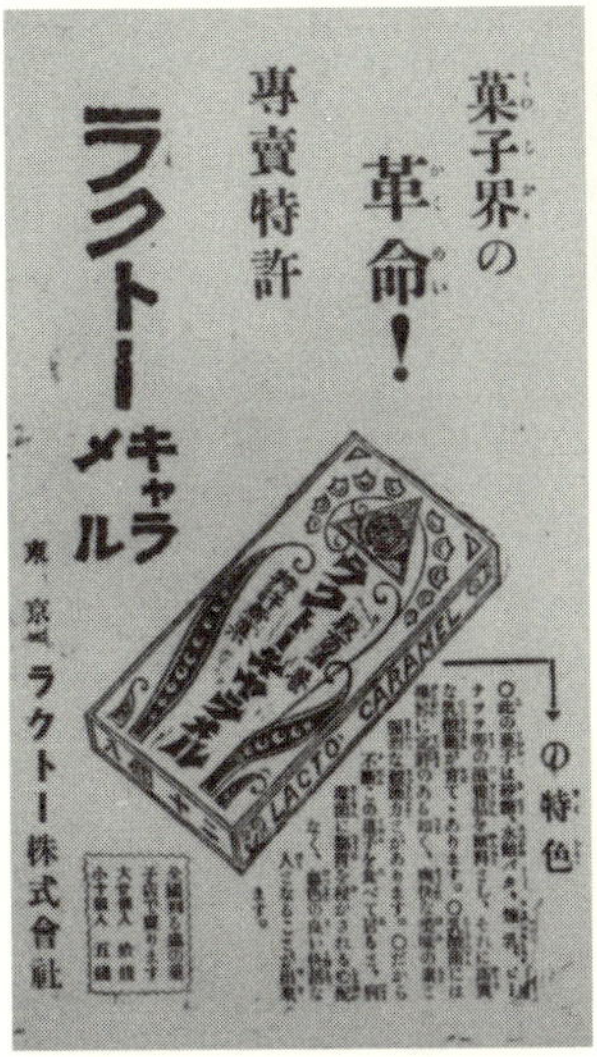

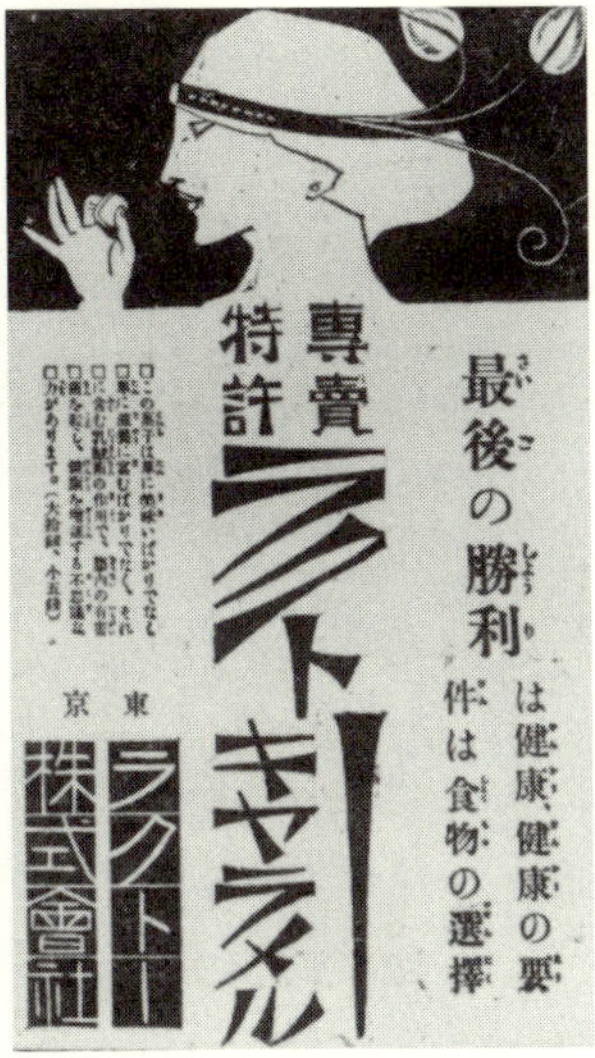

左）「菓子界の革命！ 専売特許ラクトーキャラメル」と銘打ち発売された。
右）大正７年5月に『東京日日新聞』に掲載された同キャラメルの広告。

「ラクトーキャラメル」は、大正七（一九一八）年四月に発売されました。中にピーナッツなどが入り、キャラメルの甘味と乳酸菌の酸味が溶け合った、これまでにない面白い味でたちまち評判になりました。

海雲は「菓子界の革命！ 専売特許ラクトーキャラメル」、「最後の勝利は健康、健康の要件は食物の選択。この菓子は単に滋養に富むばかりでなく、それに含む乳酸菌の作用で、腸内の有害菌を殺し、健康を増進する不思議な力があります」などの新聞広告を次々に打ち出します。東京九店、横浜一店、大阪一店をはじめ、北海道、名古屋、広島、福岡、長崎からも商談がくるなど、発売当初から順調なすべり出しでした。さらに「醍醐味」とは異なり「ラクトーキャラメル」は大量生産も可能だったため、発売の翌月には工場を増築し

南房総の保田　現在の千葉県安房郡鋸南町保田。

日本軍のシベリア出兵　ロシア革命に対する干渉を目的に、シベリアに出兵した事件。大正七（一九一八）年七月に、米・英・仏・日の四カ国は、シベリアにいるチェコスロヴァキア軍の捕虜救出を口実に出兵を決意、日本は七万三〇〇〇もの兵力を東部シベリアに派遣した。ただ干渉は失敗し、米・英・仏は大正九年までに撤兵した。日本軍はその後も単独駐留を続けたものの結局失敗に終わり、大正十一年十月にシベリアから撤退。

ます。また、醍醐味合資会社時代から集乳拠点だった南房総の保田《ほた》*にも分工場を設立し、同工場で処理・加工して東京に運ぶ体制も整えました。

しかし、「ラクトーキャラメル」も結局失敗に終わってしまいます。製品自体に重大な欠陥があったのです。夏場を迎え、気温が上昇すると共に「ラクトーキャラメル」が溶けてしまう事故が相次いだのです。海雲のもとに大量の商品が返品されてきました。

海雲は「ラクトーキャラメル」の生産を一時中止し、改良に取り組みます。そして八月下旬に改良品を完成し、九月上旬から生産を再開しました。改良の甲斐もあって取引は増加します。また、日本軍のシベリア出兵*の際、軍の携帯食糧として指定を受けたことから、落ち込みつつあった業績も回復させることができました。さらに販路は中国にまで拡大し、上海にも出荷するようになりました。

とはいえ、すべてがうまくいったわけではありません。品質を改良したとはいえ、気温の上昇に弱いという欠陥を根本的には解決することができていなかったのです。そのため、翌年の大正八（一九一九）年五月、初夏を迎える前に生産停止を余儀なくされます。販売開始から一年ほどで「ラクトーキャラメル」も完全な失敗に終わったのです。「ラクトーキャラメル」は、ラクトー株式会社の売上高の八〇パーセント以上を占めていたため大きな痛手となりました。資本金は底をつき、さらには三万円もの巨額な負債を抱え込んでしまいます。

第三章　「カルピス」の事業化に成功

一、「カルピス」の誕生

新製品の模索

海雲は「醍醐味」や「ラクトーキャラメル」で失敗しても、決して諦めることはありませんでした。これまで以上に粘り強く、乳酸菌及び脱脂乳利用法の研究に没頭します。しかし、主力製品である「ラクトーキャラメル」を失ったラクトー株式会社にとって、それに代わる商品の開発は急務でした。この窮地を凌ぐため、海雲は乳酸菌に加えて、調味料*の製造にも着手しようとします。しかし、二兎追うものは一兎を得ずとして、海雲はこの試みを途中でぴたりと止めてしまいます。海雲の「乳酸菌」に対する想い、すなわち乳酸菌によって『国民の健康に貢献したい』と誓った事業家としての「信念」「理念」は、一度調味料を試みることによって、かえっていっそう強まったものと推測できます。

調味料の製造
このとき海雲はニシンのしめかすを使用した醤油の製造を企図した。ニシンのしめかすは全部肥料になっていたので、これを利用できないかと考えたからである。作り方を水産講習所の教授に教わり、これからだというときに踏みとどまった。ただし、昭和初年の不況時には実際に調味料事業に着手した。

「チャンドラ」は、見た目にも美しく美味だったが、約1年の短命に終った。

いずれにしても、海雲は、乳酸菌の研究に懸けることを決意し、新製品の開発を急ぎました。

海雲は矢継ぎ早に新製品を発表します。まず大正七（一九一八）年七月に、細かく砕いたピーナッツと乳酸菌を混ぜたキャンディ「チャンドラ」を発売しました。製品そのものの評判は良かったのですが、高級すぎて一般向けではありませんでした。続いて大正八年五月にキャンディ「大学ドロップ」を発売しましたが、これといった特色がなく、類似品も多かったため、見込みがないとして半年ほどで生産を中止しています。また乳酸石灰を使用した菓子「ラクトーゼ」と強壮剤「乳酸カルシウム」を同年六月に発売しますが、思うようには売れず、かえって業績は悪化の一途を辿ることになります。

折しも、第一次世界大戦終結直後*のインフレーションによる物価の高騰が起こり、ラクトー株式会社は深刻な状況に陥ります。牛乳、砂糖、小麦粉などの原料をはじめ、包装紙、ボール紙などの資材、さらに工員の工賃や燃料の石炭にいたるまで、すべてのコストが大幅に値上がりし、経営を苦しめたのです。ラクトー株式会社では、保田の分工場の一時閉鎖、従業員の整理、製品の値上げなどで対処しますが、経営は好転せず、累

第一次世界大戦終結直後 戦争終結は戦時ブームに湧いていた日本経済に打撃を与え、景気は沈滞した。しかし内需の拡大傾向と原敬内閣の積極政策が相まって、大正八（一九一九）年春頃から企業の新設・拡張、商品や株式投機が行われる「戦後ブーム」に。だが、同九年三月株式市場の崩落を機に反動恐慌が発生。

積赤字は増え続け、破産寸前の状態に追い込まれました。

会社が苦しんでいた大正八年六月、海雲は専務取締役に就任します。ラクトー株式会社では設立時より取締役社長は空席のままでした。それゆえ専務取締役が実質上のトップで経営をリードする立場にありました。会長の津下から「きみはどこまでもやらねばならぬ！　きみが言い出して、みんなでつくった会社だから」と激励された海雲は、瀕死の状態にあった経営の建て直しのために、まず動力設備を強化し手作業を少なくすることによって、さらなる人員削減を断行します。また、自ら先頭に立って、これまで以上に乳酸菌飲料の開発を進めました。これらの改革により、業績は徐々に改善します。そしてなによりも海雲の企業家としての道を決定付ける新しい商品の開発に成功するのです。

海雲の研究ノート。ノートの表紙には「乳酒」「蜜蜂」「腐乳」「ローヤルゼリー」などの文字を見ることができる。

「カルピス」と命名

「ラクトーキャラメル」の生産を停止した頃、工場

専務取締役に就任した当時の海雲。

責任者である片岡吉蔵は、ふとした思い付きから「醍醐素」に砂糖を加えて、一昼夜放置してみることにしました。そして、翌日飲んでみると、非常においしいものになっていることに気付きます。さらに数日経つと、ますます旨味が増していたのです。酵母が自然に混入し、自然発酵したためでした。

海雲はこの飲料の商品化に着手することを決意します。ただし、偶然出来たものだったため、砂糖を加えた「醍醐素」が旨いものになった、そのときの状態や砂糖の混合率、「醍醐素」の中の酵母菌の種類、発酵・熟成に要した時間や温度などについて、実験を繰り返さなければなりませんでした。

さらに海雲はたとえ研究に成功したとしても、美味しいだけでは商品価値が乏しいと考え、これにカルシウムを加えることを考えます。この頃、イギリスやドイツなどでカルシウムの栄養価値が盛んに力説されており、日本でも東京帝国大学鈴木梅太郎*博士らが、日本人の食事にはカルシウムが不足していると指摘していたのです。海雲はこれにいち早く着目しました。そもそも海雲の酸乳事業の目的は、国民の健康増進と体位の向上に貢献することにありました。単に味や香りが良い、あるいは他の発酵乳と同じ程度の滋養食品であれば、これまでと同じように生産中止の憂き目に会うことは海雲自身が身をもって学んでいました。しかし、このカルシウムがあれば勝機はあると考えたに違いありません。こうして海雲は、脱脂乳を乳酸発酵させ、砂糖とカルシウムを加えたまったく新しい飲み物を完成させたのです。

　海雲はこの新しい飲料に「カルピス」と名付けます。「カルピス」は、カルシウムの「カル」とサンスクリット語の醍醐味を意味する「サルピルマンダ」の「ピル」を取って組み合わせたものです。本来なら「カルピル」ですが、それでは語呂が悪いと思い、「カルピス」としたのです。

　海雲は念のために音楽家として著名な山田耕筰*に相談しました。乳酸菌の食品を手掛ける前に医者を訪ねたときと同様、海雲は、すべてのことに関してその道の一流の専門家の意見を聞くようにしていたのです。海雲から話を聞いた山田は「カルピル」よりも「カルピス」のほうがいいと答えました。そして「カルピスは、Ca・lu・pi・suの四シ*

鈴木梅太郎
静岡県生まれ。農芸化学者、栄養学者。ドイツ留学中から日本人と欧米人の体格の差を考え、栄養の化学的研究を行う。明治四十三（一九一〇）年に脚気の治療に必要な栄養成分（ビタミンB1）の抽出に成功し、オリザニンと名付ける。明治七（一八七四）年～昭和十八（一九四三）年。

山田耕筰
東京都生まれ。音楽家。東京音楽学校（現・東京芸術大学）卒業後、ベルリンに留学。帰国後日本初の交響楽団を創設し、交響曲、交響詩を発表する。音楽界の指導者としても活躍、歌劇「黒船」や「赤とんぼ」など数多くの歌曲がある。明治十九（一八八六）年～昭和四十（一九六五）年。

大正期に作られたブリキの看板。

シラブル
音節のこと。

渡辺海旭
東京都生まれ。浄土宗の僧、仏教学者。明治三十二（一八九九）年からドイツに留学し、比較宗教学を学ぶ。帰国後は宗教大学（現・大正大学）、東洋大学教授などを歴任。明治五（一八七二）～昭和八（一九三三）年。

ラブルではない、Cal・pis、すなわちアの母音とイの母音の二つのシラブルである。アの母音は明るく、開放的、積極的で人が口を開いた形になる。イの母音は消極的で口を閉じた形であるが、堅実である。これを形で表すと漏斗《じょうご》の形になる。積極的と消極的、そして最後のスは、これを何べんも繰り返す意味がある。（中略）カルピスなる音は、音声学的にみて非常に発展性のある名前である。大いに繁盛する」と説明したのです。「カルピス」は、積極性のなかにも堅実性を兼ね備えていて（経営が順調に伸び）、さらにはそれが繰り返される（発展していく）、大変いい名前だというのです。海雲はこれを聞いて、大変嬉しかったようです。また、サンスクリットの権威である渡辺海旭《かいぎょく》*も「カルピス」という名前に賛成してくれました。

こうして「カルピス」と名付けられた新しい飲料は、大正八（一九一九）年七月七日の七夕の日に発売されました。なお、発売時の価格は大壜（四〇〇ミリリットル）一本一円六〇銭でした。

二、積極的な販売政策

販売網の整備

発売時の「カルピス」。海雲は同商品に社運を賭けていた。

海雲は「カルピス」の製品自体に大きな自信を持っていました。「醍醐味」と違い大量生産が可能であり、「ラクトーキャラメル」のように品質面での欠陥も見当たらなかったからです。「カルピス」発売直前の『営業報告書』には、「嗜好界ノ趨勢ニ乗ジタル新製品ノ売出ト近ク値上ノ断行トニヨリテ（値上げするのは他の商品のこと）早晩収益ヲ見ルノ望ミ十分ナルハ当事者ノ確信スル所ナリ」と記してあります。

それゆえ海雲にとって、「カルピス」発売時の最も大きな課題は、強力な販売ルートをいかに確保するかでした。製品自体がいくら良くても、販売ルートがしっかりしていなければ、「醍醐味」や「ラクトーキャラメル」と同様に、失敗に終わってしまう恐れがあったからです。

そこで海雲は、津下紋太郎会長夫人の知人である、大日本麦酒株式会社（現在のサッポロビールとアサヒビールの前身）の上野金太郎*常務取締役に、國分商店を紹介してもらいました。國分商店は、当時、日本の酒類食品問屋の中で最大の販路を有していて、「國分銀行」といわれるほど経営が安定していました。この頃同商店は、本家の先代國分勘兵衛*と分家の國分平次郎の二人が経営を主導しており、海雲は平次郎と交渉し、関東の総販売元を引き受けてもらう契約を結ぶことに成功します。なお、國分商店の扱い商品を選ぶ目はとても厳しいと業界でも評判でした。大手メーカーのものでも簡単には話が進まず、ましてラクトー株式会社のような中小企業では話が通ること自体まれでした。平次郎は「カルピス」の製品自体の良さと海雲の「カルピス」にかける熱意を認めたのです。國分商店では、早速「カルピス」を関東一円の小売店に配布しました。第一回（大正八年）の引取額は十万円でした。二、三カ月すると追加の注文が来始め、海雲は「これでいける」と「カルピス」に対する自信と確信を深めました。

上野金太郎　実業家。日本麦酒会社の技師長を務め、大日本麦酒でも目黒工場長、取締役を歴任した。昭和八（一九三三）年には東京薬専（現・東京薬科大学）の校長になる。慶応二（一八六六）年〜昭和十一（一九三六）年。

國分勘兵衛　九代國分勘兵衛。伊勢（現・三重県）生まれ。明治十三（一八八〇）年に家業であった従来の醤油醸造業を廃止し、食品販売問屋として國分商店を発足させる。嘉永四（一八五一）年〜大正十三（一九二四）年。

「カルピス」ラベルの変遷（創業〜昭和期）

＜大正8年〜＞

＜大正13年〜＞

＜昭和12年〜＞

＜昭和24年〜＞

＜昭和39年〜＞

＜昭和49年〜＞

＜昭和56年〜＞

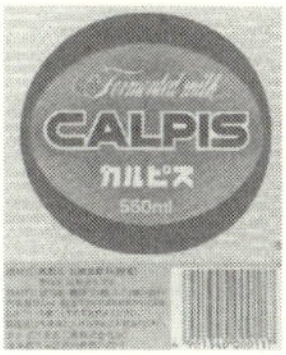

＜昭和59年〜＞

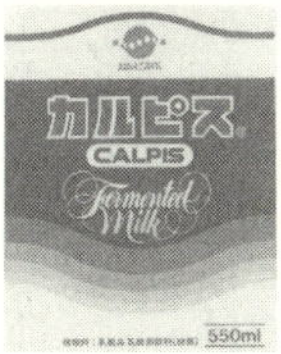

＜昭和62年〜＞

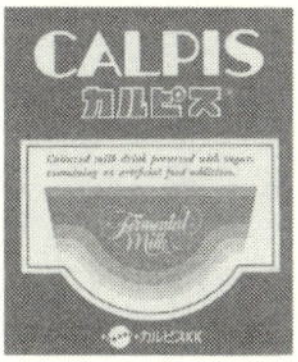

〈明治から大正期の食料品問屋〉

文明開化以降、欧米風の飲料や食料品を取り扱う商店が次々と誕生した。明治八（一八七五）年に鈴木恒吉が東京日本橋に「三恒商店」（鈴木洋酒店）を創業して洋酒の輸入販売を開始し、明治十一年には初代祭原伊太郎が大阪道修町に「祭原伊太郎商店」（株式会社祭原）を開業、洋酒・輸入食品卸売を行った。明治十三年には九代國分勘兵衛が食品問屋（株式会社國分）を発足させる。明治十五年に日比野平次郎が日比野商店、明治十八年には磯野計が明治屋を開業、明治十九年には洋酒食料品店松下善四郎商店（松下商店）が創業された。

ちなみに、西日本では、大阪の有力酒類食品問屋である祭原商店に総販売元を引き受けてもらいました。同店店主の祭原伊太郎が、國分商店と同じく「カルピス」の将来性と海雲の人間性を高く評価したからです。さらには、発売年の大正八（一九一九）年には、関東州大連市（現・中国大連省）の矢中商店や上海市（現・中国上海）の松下洋行と特約店契約を結ぶことにより、早くも中国大陸に販売ルートを伸ばしていきました。こうして発売当初から日本全国に加えて海外までルートを確保するという、中小食品メーカーとしては異例の販路確立に成功したのです。

なお、國分・祭原両商店の販売ルートに乗っても、末端の小売店を訪れて注文をとって歩くのはもっぱらラクトー株式会社の仕事であったことを明記しておきます。営業部員は海雲の指示で「カルピス」の見本壜と看板を抱え、一日何十軒もの小売店を歩いて注文をとって回ったのです。國分・祭原商店の販売網を得たとはいえ、いかに「カルピス」を売るかは、同社にとって変わらぬ重要な課題でもありました。

巧みな広告宣伝活動

海雲は、発売翌年の大正九（一九二〇）年から、「カルピス」の広告宣伝を本格的に開始します。「醍醐味」発売のときから広告宣伝の重要性を認識していました。また、

大正8年12月19日の『東京日日新聞』に掲載された「カルピス」初めての広告。その後、新製品を市場に浸透させるべく、ラクトー株式会社はより積極的に広告宣伝活動に取り組んだ。

國分・祭原両商店や多くの販売店からも、広告宣伝を活発に行うよう助言を受けていました。販売ルートの確保に成功して今後の見通しがついたことも、積極的な広告宣伝活動を後押ししました。広告宣伝の一番の目的は、商品知名度の向上とブランドイメージの確立にあり、広告の打ち方については、ドイツの心理学者で、当時、東京帝国大学で保健学の講師をしていたアンナ・ベルリーナ女史に相談しています。海雲は、彼女から大きな広告を間隔をおいて出すこと、さらにそれと同時に、小型の広告も頻繁に行うことが最も消費者の心理に大きな影響を与えられると指摘され、これを実践しました。主に「美味」、「心と体の健康」、「経済性」を訴求のポイントとし、連日のように新聞や雑誌に斬新な広告を次々に掲載していきました。

さらに「正月の御屠蘇《おとそ》代りにカルピス」、「三月ひな祭りにカルピス」、「五月端午の節句、子供の健康にカルピス」、「経済的で、健康的なカルピス」、「快き夏の滋強飲料」、「スポーツの後に冷たいカルピス」などのキャッチフレーズを用いて、四季通年飲料として「カルピス」が適していることを前面に打ち出し、場面ごとの生活提案

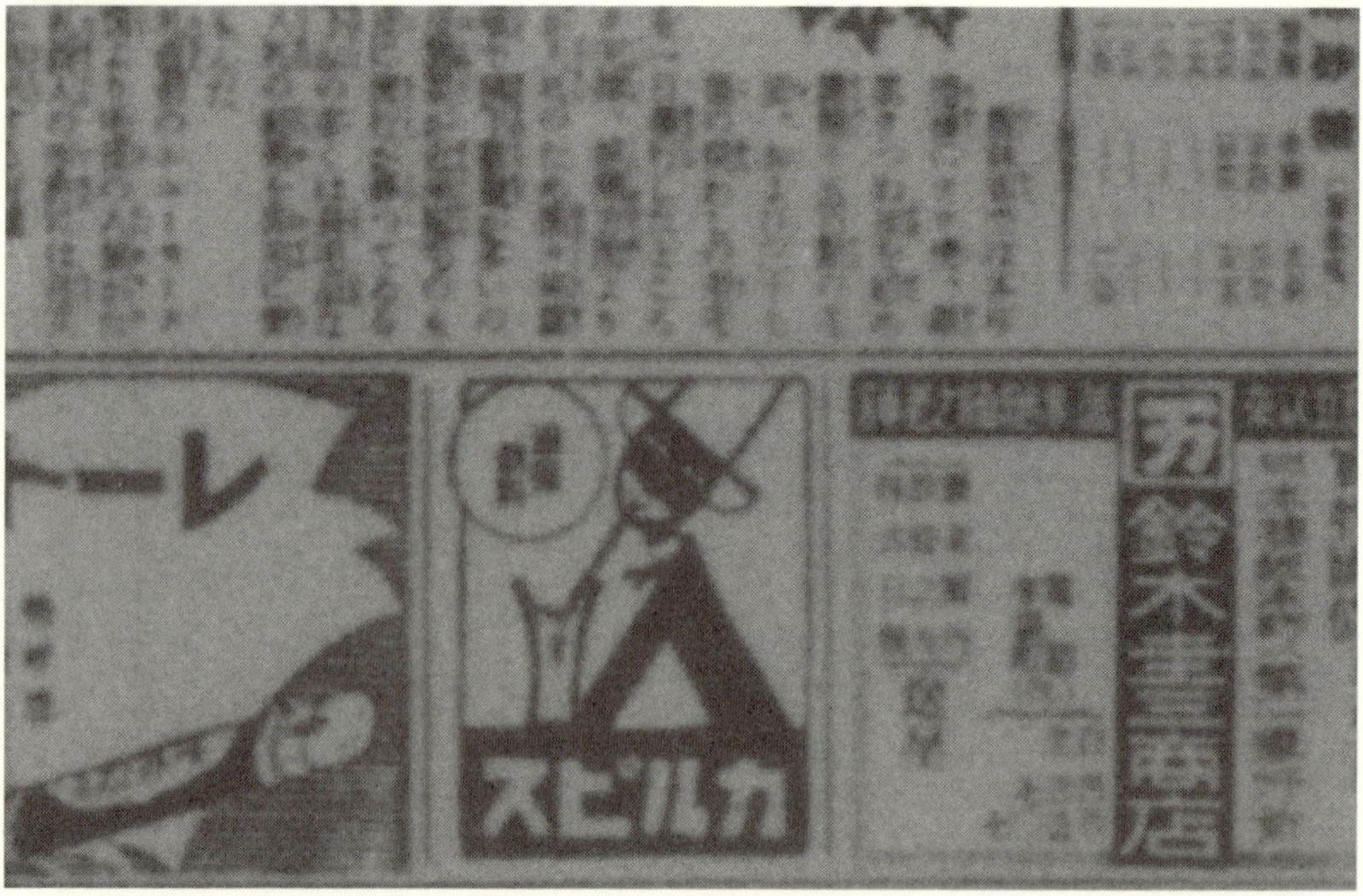

アンナ・ベルリーナ女史の助言により実施した小型広告（下段中央）。こうした「つなぎ広告」を頻繁に行い、消費者への効果なアプローチを図った。

を行いました。

また、海雲は「カルピス」をつくっている会社自体を消費者にアピールする、今日でいう企業PRにも積極的に取り組んでいます。海雲は、このときの思いを『私の履歴書』で次のように語っています。「この時分の私は、体のどこを突っついてもカルピスというくらいに熱を入れていた。とくにカルピスを周知させるために、宣伝に心を砕いた。そのころ宣伝広告に対する一般の関心・信頼は薄く、広告はチンドン屋扱いされ、広告商品は香具師的商品と見られて軽蔑されていた。だから、私は『カルピス』という商品を生の形で宣伝せず、『カルピス』をつくっている会社は、こういう会社であるという、今日でいう企業PRに力を注いだ。そうすれば『なるほど、カルピスという会社は、りっぱなことをやっている会社だ』という好印象を大衆の心に植えつけ、ひいては商品に対する信頼をかちとることができると考えたのである」。このように海雲は

募集童謡の選者ら。前列左より西条八十、葛原茲、野口雨情、北原白秋、後列左が三島海雲。応募総数2万3,700編の中から小学6年生の作品が1等となった。

『東京日日新聞』（大正11年9月9日付）に掲載された伝書鳩レースの広告。同レースは日比谷公園の広場が観衆によって埋め尽くされ、新聞や週刊誌にも大きく取り上げられた。

日比谷公園で行われた囲碁大会の様子。

大衆を注目させるさまざまな企業キャンペーンを実施していきました。

そのひとつは、大正十一（一九二二）年九月の動物愛護会とタイアップした伝書鳩のレースでした。富士山の山頂から日比谷公園まで一〇〇羽の伝書鳩を飛ばして、その所要時間を当てるクイズ（懸賞募集）を出したのです。伝書鳩とカルピスには何も関連性はありませんが、当時の動物愛護運動の一翼を担う社会的な意義を海雲は考慮したのです。このレースは好評を博し、新聞や雑誌に写真入りで大きく取り上げられ、結果的に社名や「カルピス」の名を全国に知れ渡らせたのです。

大正十二年には、小学生から募集した童謡のコンクールを行いました。*野口雨情、*西条八十《やそ》、*北原白秋、*葛原茲《くずはらしげる》ら、当時人気のあった童謡詩人が選者になりました。約二万三七〇〇編の応募があり、一等に入選した児童のいる小学校には賞としてドイツ製のピアノが

野口雨情
民謡・童謡詩人。明治十五（一八八二）年～昭和二十（一九四五）年。

西条八十
詩人。明治二十五（一八九二）年～昭和四十五（一九七〇）年。

北原白秋
詩人、歌人。明治十八（一八八五）年～昭和十七（一九四二）年。

葛原兹
童話作家。明治十九（一八八六）年～昭和三十六（一九六一）年。

驪城卓爾
海雲の文学寮の七年後輩で、国語の教師。周囲からも一目置かれる文章家だったという。

贈られました。このイベントもカルピスの名を全国に広めることにひと役買っています。

次いで日比谷公園に五間（九メートル）四方の大きな碁盤をつくり、有段者の模範手合わせを、一手一手解説を交えて再現した囲碁大会を開催しました。また同じ日比谷公園で、宮城道雄の琴の独演会も行っています。

このほかにも、年末年始の贈答用特売・中元特売などの流通対策、末端の小売店の商品陳列拡大の強化、看板や宣伝物の配布、主要都市のデパートを中心とする「カルピス」の試飲宣伝会の実施、主要博覧会等のイベントでの特設売店の設置など、消費者との対話を図りながら、きめ細かい販売活動を展開していったのです。

「初恋の味」の由来

海雲は「カルピス」の宣伝広告に多くの新機軸を持ち込み、大きな成果を上げました。自身は「カルピス」が成功した理由について、後年、品質のほかに、歯切れが良く、幼児にも覚えやすい名前、水玉模様の包装紙、キャッチフレーズ「初恋の味」、黒ん坊マーク、の四つの強みがあると説明しています。

包装紙の水玉模様は、「カルピス」の発売日である七月七日の七夕の日にちなんで、天の川――「銀色の群星」をイメージして採用されたものでした。デザインしたのは、宣

「カルピス」の顔ともいえる水玉模様。誕生から現在に至るまで90年以上の年月を経ているが、驚くべきことにまったく色褪せることがない。

伝部員だった岸秀雄で、当初は地色の空色に白の水玉、戦後は白地に空色の水玉を飛ばしたものを使用していました。「カルピス」の顔ともいえるもので、さわやかさを伝え、

現在でも、古さを感じさせないデザインと評価されています。

「初恋の味」というキャッチフレーズは、海雲のアイデアではなく、彼の文学寮の後輩で、当時大阪の中学校で国語の教師をしていた*驪城卓爾《こまきたくじ》の発案でした。この経緯について、海雲は次のように語っています。

「発売後一年くらいたったある日、驪城がやってきて、『三島さん、甘くて酸っぱい『カルピス』は初恋の味だ。これで売り出しなさい』と言った。大正九年当時といえば、初恋という言葉を口にすることさえ、はばかられるような時代だったから、私は『とんでもない』と断った。ところが、驪城は翌年の夏休みになると、また上京してきて、『カルピスはやはり、初恋の味だ。この微妙、優雅で、純粋な味は、初恋にぴったりだ』といって、またすすめた。私は、『それはわ

大正11年4月29日、新聞広告に初めて「初恋の味」が登場。封建的な時代において、それは大変刺激的なキャッチコピーだった。

かった。だが、カルピスは子供も飲む。もし、子供に初恋の味ってなんだと聞かれたらどうする』と言った。すると驪城は、『カルピスの味だ、と答えればいい。それに、初恋とは、清純で美しいものだ。それに、初恋という言葉には、人々の夢と希望と憧れがある』と言った。私は、なるほど、と膝を打った。そして、初恋の味を思い切って使うことにした」。

海雲がこのキャッチフレーズを実際に使用したのは、この話から少し経った大正十一（一九二二）年四月からです。海雲にはまだ迷いがあり、社内でも躊躇する者が多かったのです。事実、「初恋の味」のフレーズを使用した当初、警察から「色恋は社会の公序良俗を乱すことなので、白日のもとで口にすべき言葉ではない。ポスターや看板は自粛してほしい」との要請があったほどでした。

しかし、大正*デモクラシーの風潮のなかで、大衆は自由な思想を持つようになり、

水玉模様が採用されたのは、写真右のメモ書きにあるように大正11年4月3日発売のカルピス徳用壜からだった。当初は青地に白の水玉が施されていた。

徐々に心を解放に向わせていきました。このキャッチフレーズは、こうした世情をとらえて、たちまち全国に広まっていったのです。また、警察に忠告されたこともかえって大きな呼び水となりました。こうして「初恋の味」は、「カルピス」の代名詞となっていったのです。

一方、黒ん坊マークは「カルピス」のために考案されたものではなく、もともとはドイツの商業美術家を救うために海雲の発案で行われた、ポスターデザイン募集の入選作品でした。第一次世界大戦後のドイツは、敗戦後の深刻なインフレーションに苛まれていました。そのなかで芸術家、とくに画家がいちばん苦しんでいるという話を聞いた海雲は、彼らを救済するために「カルピス」宣伝用のポスターを公募することにしたのです。また、公募によりドイツの美術家の高度なアイデアや技術を日本に取り入れようという狙いもありました。

大正デモクラシー
大正期に顕著になった、政治・社会・文化面での民主主義（デモクラシー）的、自由主義的な運動・風潮の総称。普通選挙運動や女性解放運動などの差別撤廃運動といったさまざまな集団による運動が展開された。

募集要領は「懸賞金が一等賞五〇〇ドル、二等賞が二〇〇ドル、三等賞が一〇〇ドルで、入選作品以外のものは日本で一般公開して競売し、売れた代金全部を各応募者に送る。この計画を会社が忠実に実行することをドイツ駐在の日本大使が保証する」というものでした。土倉竜次郎（当時ラクトー株式会社監査役）の義兄である内田康哉外務大臣は、海雲の計画に賛成し、ドイツに働きかけてくれました。

この企画はドイツ国内の関心を呼び、美術関係の雑誌はもちろん、一般の新聞でも大きく取り上げられました。応募作品は一四三〇余枚という膨大な数に達しました。また、バイエルンのアダルベルト親王や、ドイツ一の図案家といわれたホールワインが応募するなど、反響は予想以上に大きいものでした。

応募作品は、大正十二（一九二三）年九月に日本に到着します。まずは東京の三越本店で公開されますが、関東大震災後の殺風景な東京で、華やかな作品は人々を魅了し、大盛況でした。次いで作品は大阪に運ばれ、心斎橋筋の商店四〇店に、一店二枚ずつポスターを展示しました。期間は一週間でしたが、その間心斎橋筋は「カルピス」の一大宣伝場と化したのです。その後、福岡県、福井県、石川県などでも開催され、各地で大きな反響を呼びました。

黒人がストローで「カルピス」を飲んでいるデザインは、このときの三等の入選作品でした。一等は、巨人が山に腰をかけてコップを傾けて「カルピス」を飲んでいる図案、

ポスター応募作品展覧会。写真は大正13年の金沢市で開催された際に撮影されたもの。

二等は若い男女がひとつのコップにストローを入れて「カルピス」を飲んでいる図案でした。これらに対し、三等の図案は、黒一色で単純明快なので、屋外または新聞広告用として最適であると評価されたため、「カルピス」の広告として採用されるようになったのです。なお、この作品の作者はオットー・デュンケルスビューラーという、当時ドイツで有名だった商業デザイナーでした。しかし、彼は三等が不満だったようで、海雲のもとに不平の手紙が届いたというエピソードもあります。

この作品は、大正十三年二月十八日付の『東京日日新聞』などに掲載された広告に初めて登場し、その後も広く使用されました。そして、いつしか親しみを込めて〈黒ん坊マーク〉と呼ばれるようになり、広告史上有数のキャラクターマークになったのです。

なお、残念なことにこの黒ん坊マークは、黒人差別問題を引き起こす恐れがあるとして、平成元（一九八九）年に使用が中止されました。

三、乳酸菌飲料の代名詞に

カルピス製造株式会社へ社名変更

海雲の巧みな広告戦略により、「カルピス」の売上高は順調に推移します。とはいえ、既述のように「カルピスのイメージ」を彩る、華やかな戦略のみが同商品の売り上げを押し上げたわけではありません。海雲という企業家を計るうえで、とかく「広告に長けた戦略家」としての面が特筆されますが、絶えず消費者の生活、視点に立脚し、地味な努力、創意工夫を怠らない企業家であったことを看過するわけにはいきません。

当初、「カルピス」は大壜（四〇〇ミリリットル）一本一円六〇銭のみの発売でしたが、大正九（一九二〇）年十二月には小壜（一八〇ミリリットル）一本八〇銭が加わります。大正末期の他の製品を見ると、ラムネ（一七〇ミリリットル）は一本八銭、サイダーは（三六〇ミリリットル）一本二二銭、牛乳（一八〇ミリリットル）一本一〇銭でした。価格だけ見ると「カルピス」はかなり高いように思われますが、「カルピス」は濃厚飲料のため、七～八倍の希釈量で換算すると、他の飲料と比べても決して割高ではなく、むしろ安価でした（例えば大壜だと一杯一八〇ミリリットル当たり一〇銭三厘になります）。とはいえ、消費者にはそのことが伝わらずに、高価であると敬遠されたた

左）大正11年に東京上野公園で開かれた平和博覧会において出店した喫茶店。中）ホット「カルピス」の広告（大正10年12月11日付の『東京朝日新聞』掲載）。右）大正9年発売の小壜（ねじり壜）。

め、海雲は、前述のように、新聞広告で「カルピス」は経済的であることを絶えず訴求し、割高感を少しでも解消しようとしました。大正十一年四月には、一杯当たり八銭四厘の徳用壜（五八〇ミリリットル、一本一円九〇銭）を発売しています。さらに大正十四年二月には徳用壜を値下げして、新徳用壜として一本一円八〇銭（希釈時一杯当たり七銭三厘）を発売しています。

また、同十一年には食堂用カルピス（六三〇ミリリットル、価格は不明）を発売し、主要都市の食堂や喫茶店への販売に取り組み、大正十二年六月には鉄道駅売り用として、そのまま飲める希釈カルピス（一八〇ミリリットル、一本一五銭）も発売しています。いつでもどこでも「カルピス」を飲んでもらおうと、需要を開拓していったのです。

ここで改めて、同商品の売り上げを具体的な数字と共に見てみます。表1のように、大正九年の「カルピ

表1　ラクトー（株）・カルピス製造（株）の売上高

（単位：円）

年	「カルピス」売上高	「カルピス」以外の製品売上高	総売上高
大正 8	21,636	56,265	77,901
大正 9	166,366	-	166,366
大正10	342,992	-	342,992
大正11	538,744	29,564	568,308
大正12	759,300	5,403	764,703
大正13	1,267,470	2,675	1,270,145
大正14	1,351,214	14,447	1,365,661
大正15	1,382,830	8,043	1,390,873

注：大正9年・10年のカルピス売上高にはカルピス以外の製品の売上高を含む。

ス」の年間売上高は一六万六三六六円（ただし他の商品も含む）でした。「カルピス」は他の清涼飲料同様、夏に需要が多く、それゆえ、年間の売上高は夏場の天候に大きく影響を受けました。大正十四（一九二五）年が冷夏だったため、売り上げもやや横ばいになっています。しかしながら、大正十五年の売上高は、前年とは逆に猛暑だったため一三八万二七二〇円と伸長し、大正九年にくらべて少なくとも八倍以上もの数字を記録しています。このとき「カルピス」は、すでに日本の飲料市場で確固たる地位を築いたのです。

大正十一年において、「カルピス」の売上高は、ラクトー株式会社の総売上高の約九九パーセントを占めました。「醍醐味」は受注生産となっていたこともあり、「カルピス」単品メーカーに近い状態になっていました（なお、「醍醐味」は大正十四年に製造を中止しています）。そこで海雲は、大正十二年六月に、社名をラクトー株式会社からカルピス製造株式会社に変更します。「『カルピス』のメーカー」として、商品名と社名を一致させたのです。

酸乳輸送に用いられた樽。当時、牛乳を長距離することは不可能だったため、牛乳産地で酸乳に加工され、東京工場に運ばれた。樽は保湿性が高く最適だった。下は戦前、上は戦後のもの。

大正11年4月に発売された徳用壜用の木製外箱。

ここで当時の「カルピス」の原液の生産方法について紹介しておきます。

一、乳酸菌及び酵母を種菌として脱脂乳を培養してつくったスターターを、過熱殺菌した脱脂乳に加える。

二、それを、木製の発酵槽の中で一昼夜乳酸発酵させて、酸乳をつくる。

三、でんぷん糖化液（水飴）を乳酸発酵させた液に、炭酸カルシウムを加えて得られる粗結晶の乳酸カルシウムを、二の酸乳に加える。

四、この酸乳に砂糖を十分溶解させ、熟成発酵させる。

五、オレンジとレモンの生果皮から絞ったオイルを原料とする天然香料を加えて仕上げる。

こうしてつくった原液を、充填ラインで壜詰めにしますが、その充填ラインでは一本ずつブラシを挿し込んで壜を洗わなければならず、打栓もすべて手動で行っていました。次いで壜詰めの後で木槽温水器に入れて殺菌し、冷却した後、また一本ずつラベルを貼っては包装紙にくるんで箱詰

カルピス製造株式会社への社名変更後に発売された「カルピス」。ラベルも「LACTO」から「CALPIS MFG」になっている。

めにしたのです。当時は、これらのほとんどを手作業で行ったのです。

また酸乳生産もすべて手作りでした。木桶に入れて大八車で運ばれてきた脱脂乳をまず一斗缶に入れて、五右衛門釜の上に置かれた木箱に六本並べます。その木箱の底がすのこになっていて、釜を焚き脱脂乳を煮沸で殺菌した後、二斗入りの木桶に詰め替えて冷却します。そこにスターターを入れ、一坪半ほどの石造りの発酵室で発酵させて酸乳にしたのです。

出来上がった酸乳は木樽に入れられ、二〜三日ごとに船で本社に運ばれました。そして本社工場で木製の大樽に移しかえられ、二〜三日貯蔵した後に使用されたのです。

関東大震災とカルピス

海雲にとって終生忘れられない思い出となったエピソードについて記しておきます。

大正13年、「カルピス」の伸張に伴い原料が不足したため、東京菓子株式会社（現・明治製菓）から脱脂乳を購入することになった。写真は千葉県・勝山にある工場を視察する海雲（左端）一行。

大正十二（一九二三）年九月一日のこと、関東大震災が発生したとき、海雲は東京恵比寿の本社にいました。幸いにも会社自体は被害を受けませんでしたが、東京の大半、とくに下町一帯は無残な状態と化しました。水道は止まり、米を研ぐのにも不自由する人々が多く、近くの池などに出かけて水を得なければならない状況でした。海雲も芝増上寺の池に水を求める人たちで溢れているとの報告を受けました。

カルピス製造会社の付近一帯では水道に損傷がなかったため、海雲は、地震・火災の後で疫病でも流行ったら大変なことになると思い、飲料水を配ることを思い付きます。そして、どうせ水を配るのなら、それに「カルピス」を入れ、さらに氷を入れて配れば、被災者を慰めることができるのではないかと考えます。

海雲は、工場にあった木樽十数本に入っている「カルピス」の原液を全部出させました。そして、これを水で六倍に薄め、それに氷を入れて冷やし、トラック

「カルピス」の成功、増産の一方で、原料となる乳の不足は深刻化した。東京菓子との契約締結にあたり隣接地に勝山工場を建て態勢を整えたが、それでも人気に追い付かず試行錯誤が続いた。

四台に積み込みます。会社の金庫にあった有り金二〇〇〇円余をすべて出して費用に充てました。そして海雲らは、震災翌日の九月二日から被災地をまわって、原液がなくなるまで「カルピス」を配り続けたのです。震災後の数日は焼け付くような暑さが続いたこともあって、海雲らは行く先々の避難所で大歓迎を受け、感謝されました。

このときの海雲らの行動について、『大阪毎日新聞』は翌九月三日付の朝刊に「芝の海岸から増上寺の前に行ったところ、向こうのほうで、バケツに米のとぎ汁のようなものを配給していた。何だろうかと近づいてみたら、それは氷で冷やした『カルピス』であった。広告といえども感心である」との記事を掲載しています。しかしながら、海雲にはこれをもって広告にしようなどという気持ちは微塵もなく、純粋に困っている人たちを助けたいという衝動であり、〈本能的な行動〉だったのです。後になって「私は『カルピス』のこと

阿含経
初期仏教の経典で、釈迦（シャカ）の言行を記録したものをいう。「阿含」は伝承された教説を意味する。

なら、喜んでどんなことでもご協力いたしましょう。それは、震災のときに、上野でもらった一杯の『カルピス』のうまさが忘れられないからです」と語った国会議員もいました。

いずれにせよ、この記事が関東大震災の動静を知ろうとする日本全国の人々に読まれたこともあって、「カルピス」の名は全国に紹介されることになりました。

海雲は後に「*阿含経《あごんきょう》のなかに『すべての行為の効果を有するものは、私欲を離れたる根から生ずるものなり』とある。この言葉の真の意味を、私は八十五歳を越すまでわからなかったが、今にして思えば、震災のときの行為がこれに当る。私の生涯に価することがあれば、震災のときの行動であろう」と、このときのことを振り返っています。

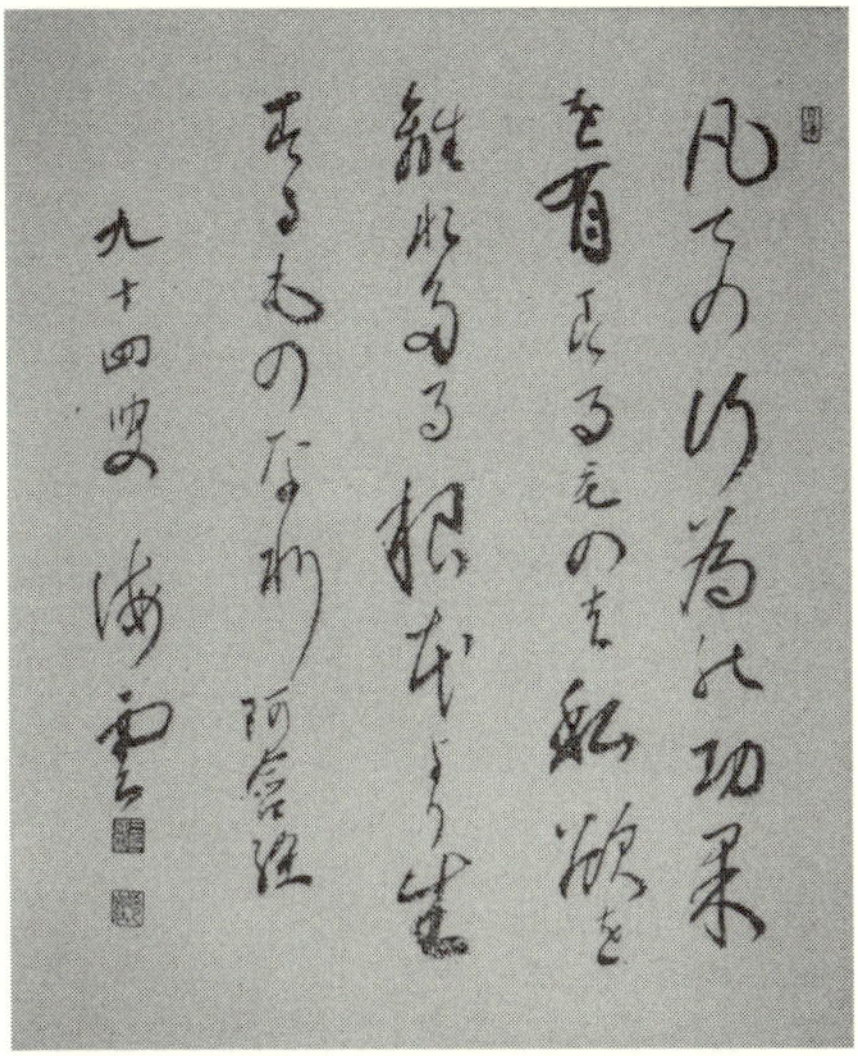
海雲の筆による阿含経の一節「凡ての行為の功果を有するものは、私欲を離れたる根本より生ずるものなり」。

ライバルの出現

「カルピス」の成功により、業界における「乳酸菌飲料」は、にわかに注目の存在となりました。他の業者も指をくわえて傍観するわけがありません。「カル

へ「カルピス」を配布したときのエピソード〉

後年海雲は、今でも忘れられないこのときの出来事を次のように語っている。

「銀座方面から日本橋を渡ろうとトラックを走らせていたとき、一人の紳士が飛び出してきて、私たちのトラックを止めて、自分の帽子を逆さにして、その中にカルピスを入れてくれといった。私は『いや、帽子の中では』といって断ってしまった。立派な紳士が、しかも大道の真中で、恥を忘れて帽子を差し出したのに、なぜ、その中へでも『カルピス』を入れてあげなかったのだろうと、いまに至るも残念でならないのだ」。

ピス」に続けとばかりに「乳酸菌飲料」への新規参入、類似品の販売が相次いだのです。折しも大正十四（一九二五）年四月に施行された「清涼飲料税法」*がそれに拍車をかけました。同法は、清涼飲料に酒類と同様の税金を賦課することとし、清涼飲料の製造業も免許制と定めました。しかし「乳酸菌飲料」だけは、この法律の対象外とされたのです（対象業種になったのは昭和七（一九三二）年）。無税・無免許で生産できる乳酸菌飲料は、企業にとってまさに千載一隅のチャンスだったのです。

大正末期から昭和初期にかけて発売された主な製品には、大正十四年に東京製乳研究所から発売された「乳酸飲料ラクミン」、昭和二年の森永乳業株式会社「森永コーラス」、昭和三年、松田工業「乳酸飲料ミルプ」、昭和八年、守山商会「乳酸飲料パーピス」、同年の昭和製乳株式会社「乳酸飲料レッキス」と雪印株式会社の前身である北海道酪農公社から発売された「乳酸飲料ブルゲン」などが挙げられます。

しかしながら、これらは「カルピス」の強力な牙城を切り崩すまでには至らず、「森永コーラス」を除いては、いずれも長続きしませんでした。ちなみに、昭和十四年六月にカルピス製造会社は、昭和製乳株式会社の株式の三分の二を取得して、同社を傘下に収めています。この後も「カルピス」の競合相手は数多く現れましたが、それらを退けて、乳酸菌飲料部門でのトップの地位を保持し、乳酸菌飲料の代名詞とされるまでになっていったのです。ここに「カルピス」にかけた海雲の努力が結実したと言えます。

清涼飲料税法

この法律で「清涼飲料」は「全容量の一万分の五を超える炭酸ガスを含有する飲料及び酒精分一〇〇分の一以下の炭酸飲料」としている。昭和七（一九三二）年の法改正時に、牛乳または乳製品を原料とする「酸性飲料」が清涼飲料のひとつとして加えられた。昭和二十五年に廃止され、物品税に統合された。

「カルピス」が売れる理由について、海雲は次の四つを挙げています。第一は「おいしいこと」（「初恋の味」という言葉が象徴するように、甘くて酸っぱく、優雅で純粋な感じがすること）、第二は「滋養になること」（牛乳から脂肪だけを除いた脱脂乳が原料で水は一滴も加えていない。「カルピス」だけで子供は育つという人もある。医者もすすめる）、第三は「安心感のあること」（「カルピス」は全然着色していない、牛乳の色そのままであるということ）、そして第四は「経済的であること」（飲み物はそのままぐに飲めるのがいちばん便利であるが、そうすると高くつく。「カルピス」は水さえあれば薄めて飲む分、経済的であるということ）でした。

さらに、海雲は「売れるという証拠は類似品が多いこと」と述べています。「類似品はあくまで類似品で、「カルピス」をしのぐことはできない。そこにはカルピス独自の方法と、半世紀にわたって培われてきたのれん、強力な販売網があるからである」と説明しています。

ポケットサイズの「カルピス」小壜の広告。それまで高級品のイメージが強かった「カルピス」が、20銭（1本）という手頃な価格で飲めるとあって、人気を博した。

四、苦難の時代を迎える

多角化の挫折

「カルピス」の甘酸っぱさに象徴されるように、海雲とカルピス製造会社にとって、その歴史は甘くも辛いものだったといえます。「カルピス」は、発売からこれ以上ない順調なスタートを切り、間もなく「国民的飲料」と言えるまでに成長しました。しかし、両者の歴史を俯瞰するとき、決して順風満帆だったとは言い難く、むしろ艱難辛苦の時代のほうが長かったと言えるかもしれません。なぜなら、昭和に入ると、カルピス製造会社の経営はこれまでとはうって変わって、苦難の時代を迎えることになったからです。それは戦後しばらく続くことになりました。

時は昭和二（一九二七）年三月、東京渡辺銀行の休業を契機に全国各地で銀行の取り付け騒ぎが発生し、金融不安が募っていきました。この金融恐慌の影響で、昭和二年の売り上げは前年を下回ったのです。ただ翌年は、ポケット壜タイプの小壜（六三ミリリットル、二〇銭）を発売し、安い価格と手軽さが支持されてヒット商品となったために、売り上げは持ち直しています。

しかしながら、昭和四年の世界恐慌の影響で日本経済が未曾有の大不況に陥ると、「カルピス」は消費者の購買力減退をまともに受けて、売り上げは急激に悪化していきました。昭和五年と昭和六年の両年度とも前年に比べて二〇%以上の落ち込みを記録し、昭和四年から三年間で、売り上げは半減したのです（表2）。

海雲は、こうした事態にさまざまな手段を講じていかなければなりませんでした。海雲は再び「事業の多角化」に着目します。その経緯について触れておきましょう。

前にも述べたように「ラクトーキャラメル」に製品上の欠陥が生じたとき、その損失を補うために調味料の開発に着手しようとしたことがありました。しかし、海雲は「二兎追う者は一兎も得ず」と乳酸菌飲料だけに絞ります。そして「カルピス」誕生後は、「カルピス」一本に全精力を打ち込む「一社一品主義」を貫きました。

とはいえ、不況により事態が深刻になるにつれて、海雲は、単品経営に危機感を抱くようになりました。そうした折、海雲は國分商店の嗣子*國分秀次郎から、*野田醤油株式会社（現・キッコーマン株式会社）でつくる醤油のかすに、何か調味料を加えて、それを海外に輸出できないかという相談を受けました。海雲はこのとき、ニシンのしめかすで製造した液体の調味料を完成させていたので、これを応用したらよいと考え、

國分秀次郎
十代國分勘兵衛。三重県生まれ。大正十三（一九二四）年に十代を襲名。取り扱い品目を拡大させて家業発展に尽力する。明治十六（一八八三）年～昭和五十（一九七五）年。

表2　カルピス製造（株）売上高

（単位：円）

年	売上高
昭和2	1,233,238
昭和3	1,358,307
昭和4	1,261,173
昭和5	948,611
昭和6	669,063
昭和7	677,905

製造を引き受けました。しかし、この計画は失敗します。醤油のかすは小麦の繊維が多く、いくら味付けしても、とても食用にはならなかったのです。

いったんは挫折したものの、海雲は魚からとった動物タンパクを加水分解して調味料をつくる研究を続けました。そして、「ベスタ」と名付けた、スケソウダラを利用した液体調味料を商品化するまでに至りました。しかし、味自体はよかったものの、魚の臭いをどうしても除去することができず、さらにスケソウダラ二尾で調味料一ポンド（四五〇グラム）とれるとの目論見が外れて、実際には一ポンドつくるのに四尾でも足りないという原材料の問題もあり、結局失敗に終わります。

次いで海雲は、調味料の原料として、ドイツで年間四〇〇万トンも排出されるビート・シュガー（甜菜《てんさい》糖）の絞りかすに着目します。このかすには五～六パーセントものグルタミン酸が含まれていることを海雲は知っていました。海雲は知人を介してドイツの研究所に試作を依頼すると、考えた以上に品質の優れた試作品が送られてきました。「味の素」*と肩を並べる商品になり得ると思い、海雲は、ドイツの大手ナトリウム工業会社と契約を結びます。この契約は、ドイツで調味料の半製品をつくって日本に送り、カルピス製造会社で精製するというものでした。

しかしながら、いよいよ商品化というときになって、海雲は国産品奨励という時代のなかで、輸入品によって国内市場に参入することにひっかかりを感じます。つまり、外

野田醤油株式会社
大正六（一九一七）年、互いに婚姻関係にある千葉県野田の醤油醸造家一族八家の合同で設立。昭和三十九（一九六四）年にキッコーマン醤油、同五十五年に現社名に改称された。

「味の素」
味の素株式会社が製造・販売する、グルタミン酸ナトリウムを主成分とする「うまみ調味料」。明治四十二（一九〇九）年五月から一般販売された。

陸海軍より注文が入り「軍用カルピス」（左）を納入。その後、再び陸軍よりビタミン添加のカルピス「軍用ビタカルピス」（右）を依頼された。このとき、粉末カルピスの開発依頼があり、研究に着手したが、完成直前に空襲に合い、結局納入されることはなかった。

国の技術で日本人が発明した「味の素」と競合することに、自分自身納得がいかなかったのです。それゆえ海雲はこの調味料を断念しました。

その後は、寿屋（現・サントリーホールディングス株式会社）の鳥井信治郎らとリンゴ酒「コーリン」の製造・販売を手掛けようともしましたが、これも失敗に終わりました。

結局、海雲は、自らの「一社一品主義」に立ち返り、今後は「カルピス」一本に専念していくことを決心します。

経営権を二度取り上げられる

昭和四（一九二九）年に起きた世界恐慌によって、会社は大きな打撃を受けましたが、その後に続く日本経済の軍需景気を背景に、「カルピス」の売上高も回復していきます。しかし、さらなる困難がカルピスを

ラクトー肝油
（大正10年発売）

カルピス肝油
（大正12年発売）

カルピス小壜
（大正9年発売）

カルピス徳用壜
（大正11年発売）

カルピス新徳用壜
（大正14年発売）

ヨーグルト
（昭和26年発売）

ピルマン
（昭和31年発売）

クリーム
（昭和24年発売）

カルピス大壜（全糖*）
（昭和28年発売）

カルピコプラムソーダ
（昭和47年発売）

ムースベースオレンジ
（昭和48年発売）

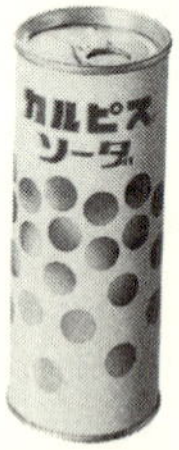

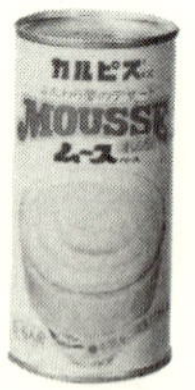

初恋みつ豆
（昭和40年発売）

カルピスソーダ
（昭和47年発売）

＊戦後、砂糖は統制下にあり自由に使用できなかったため、戦後しばらく人口甘味や水飴で代用していた。

カルピス株式会社の歴史を彩る主な製品（創業～昭和期）

＜大正期＞

醍醐味
（大正5年発売）

醍醐素
（大正6年発売）

ラクトーキャラメル
（大正7年発売）

チャンドラ
（大正7年発売）

大学ドロップ
（大正8年発売）

ラクトーゼ
（大正8年発売）

乳酸カルシウム
（大正8年発売）

カルピス大壜
（大正8年発売）

＜昭和期＞

567（ゴロナ）
（昭和7年発売）

コーヒーエッセンス
（昭和7年発売）

軍用カルピス・ビタカルピス
（昭和16・18年発売）

濃縮オレンジカルピス
（昭和33年発売）

カルピスオレンジ
（昭和35年発売）

バター
（昭和38年発売）

ダイゴ
（昭和39年発売）

昭和12年の広告。盧溝橋事件が勃発し、日中戦争へと突き進んでいた当時の時世を映す。

待ち受けていたのです。第二次世界大戦の勃発です。これにより会社はさまざまな統制を受けるようになりました。「カルピス」の価格、さらにすべての原料・資材も政府の管理下に置かれたため、思うように「カルピス」の製造ができなくなってしまったのです。

また、昭和十六（一九四一）年、太平洋戦争が始まってからは、「カルピス」は軍需物資と認定され、軍の命令により「軍用カルピス」の生産を行うことになりました。これにより一般大衆を相手にした「カルピス」の製造ができなくなったのです。「カルピス」は食品のなかでも嗜好性が強く、不急不要の〈平和物資〉であるというのがその理由でした。「カルピス」は単なる嗜好飲料ではなく、国民の「健康を増進し、体位向上を図る滋強飲料」であるというのが海雲の主張です。しかし、皮肉にも「軍需物資」という形で、それが認められることになったのです。企業経営が存続しているとはいえ、困窮に喘ぐ国民に広く「カルピス」を提供できないことは、海雲にとって大変心苦しいものでした。

この間、海雲は代表権の剥奪を経験しています。海雲は昭和十二年に五〇万円だった資本金を一〇〇万円に増資することを企てますが、その際、増資分は鈴木商店*（現・味

鈴木商店
現・味の素株式会社。現社名になったのは昭和二十一（一九四六）年。このときの正式な社名は味の素本舗株式会社鈴木商店で、同七年に鈴木商店株式会社から改称されたもの。

東京工場。被災から1年2カ月後の昭和21年7月に再建が完了した。

の素株式会社）が引き受けることになりました。当時「カルピス」は食料品店、酒屋、薬局などで売られていましたが、乾物屋には置かれていませんでした。鈴木商店の資本が加われば乾物屋でも取り扱われるようになって販路が広がると、海雲は単純に考えていました。しかし増資の結果、鈴木商店が株式の過半数を所有することになり、昭和十六年に三代鈴木三郎助が社長に就任し、海雲は会長に退きます。創業以来会長を務めていた津下紋太郎は辞任しました。持ち株比率といった企業の経営権について関心のなかった海雲は、このとき初めて経営権を奪われたことに気が付きます。

けれども、このとき杉村楚人冠を中心とする後援会「無名会」が「カルピスは三島がつくった会社だから」と、鈴木商店の鈴木忠治会長らに掛け合ってくれました。そして鈴木側がこれを承諾したので、幸いにも海雲は昭和十八年に社長に復帰することができたのです。

ただ、会社は、昭和二十年の空襲により、東京恵比寿の工場・事務所・本社社屋と、山梨甲府の工場は破壊されてしまいます。そこで、終戦直後に交付された戦時保険金を用いて、すぐさま工場設備を復旧しました。しかし、昭和二十一年に戦時補償打ち切り令が公

東京工場の裏手。壜置き場が見える。再建から2年後の昭和23年になって、ようやく原料乳の確保のの目処が立ち、待望の「カルピス」生産が再開された。

布され、戦時補償金の返還が求められたことで倒産寸前の危機に立たされてしまいます。昭和二十三（一九四八）年に「*企業再建整備法」の施行規則を決めた大蔵省令の改正で、返済問題は落ち着きましたが、その改正に基づき、第一会社であるカルピス製造株式会社を解散させ、同年十二月、新たに第二会社としてカルピス食品工業株式会社を設立したのです。

海雲が再び代表権のない会長に就任したのは、昭和二十五年でした。なお、海雲は、昭和十九年に受けた空襲による爆風がもとで呼吸器を患い、終戦後は、湘南の片瀬で療養生活を余儀なくされ、代わって実弟の副社長加藤昇三が経営を担いました。

戦後、清涼飲料業界では各種の統制が解除されると、各社がいっせいに生産再開・販路拡張に努めたため、供給過剰の状態になります。カルピス食品工業も、昭和二十四年にビタミン入りカルピス「ビタカルピス」を発売したり、積極的に拡販政策、とくに大々的な宣

企業再建整備法
戦時補償の打ち切りや資産喪失等で生じた損失を整理し、企業を再編・整備するために制定された特別法。適用された会社は減資や旧債権の切り捨てについて特別の措置が認められた。そこで資産と営業を引き継がせた第二会社を設立し業務を遂行させつつ、会社（第一会社・旧会社）は整理に専念する方式をとった。

伝広告を行ったりしました。しかし、思うようには販売量が伸びず、むしろ大きな損失を計上してしまったのです。

そこで経営再建のために、第一銀行（現・みずほ銀行）、帝国銀行（現・三井住友銀行）、協和銀行及び山梨中央銀行の四行から、合計一億五〇〇〇万円の協調融資を受け、さらに國分商店をはじめとする有力卸売店の援助も受けることになります。このときに加藤副社長は退社し、静養中だった海雲が代表権のない取締役会長に就任します。なお社長には國分商店の当主、國分勘兵衛が、専務取締役には銀行筋を代表して福田淳一郎がそれぞれ就任しました。

カルピスは、新体制のもとで経営再建に取り組むことになったのです。

第四章　カルピスの発展と三島海雲

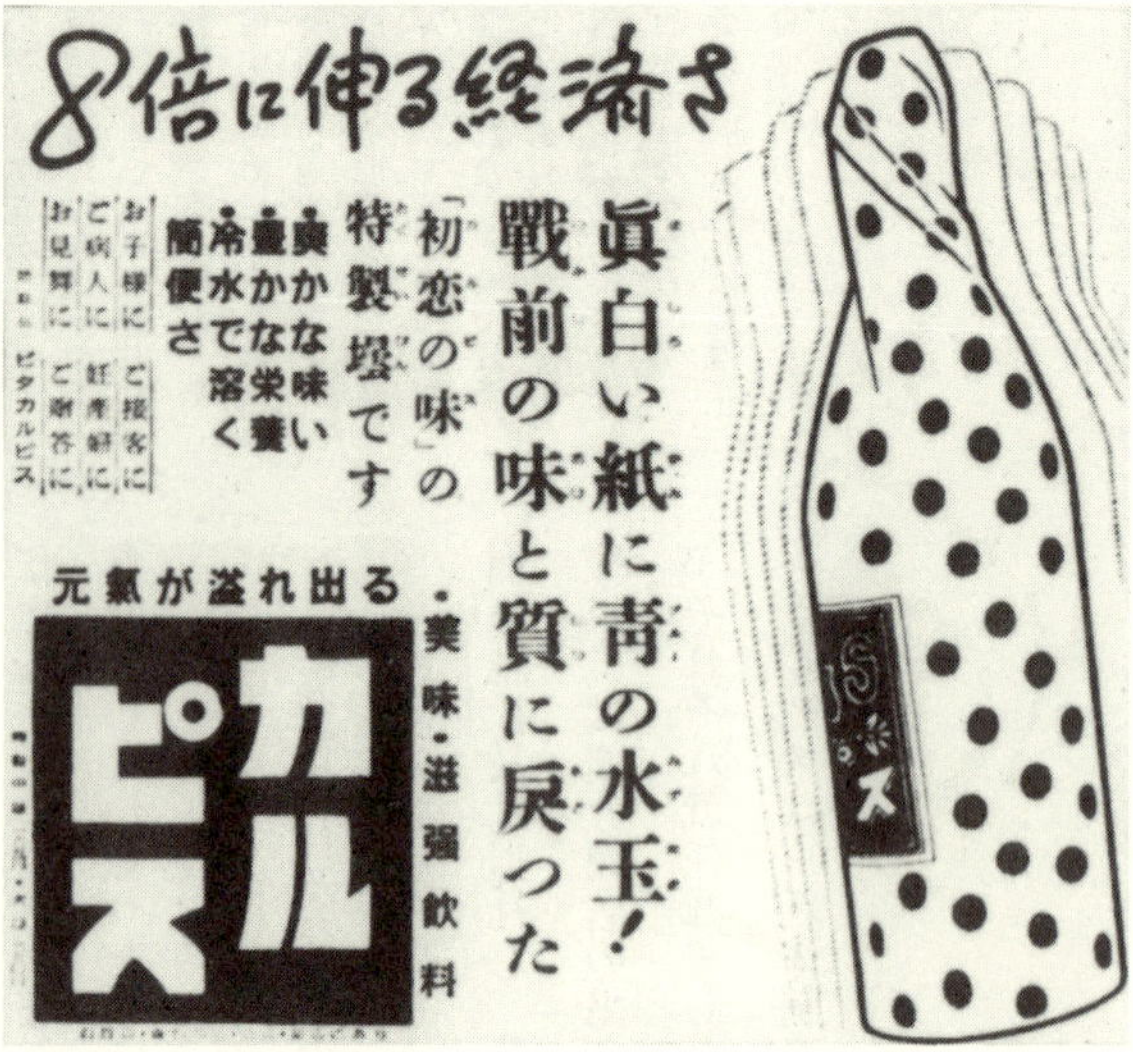

昭和24年、水飴が統制解除になったため、本来の味に近づけるべく、人口甘味料から水飴に切り代えて発売された特製「カルピス」。

一、世界の「カルピス」へ

社長に復帰

新体制のもと、全社をあげての再建が図られ、その努力は奏功していきました。社長を務めた國分勘兵衛は、厳しい姿勢と優れた先見性をもって経営をリードし、思い切った経費の削減を行い、製品も「カルピス」一本に絞って戦線の統一を図ります。業績も向上し、売上高は、昭和二十五（一九五〇）年の約五億二〇〇〇万円から、同二十八年には約九億七五〇〇万円まで伸張しました。借入の返済も進んで、同じく二十八年には一億六〇〇〇万円ほどあった負債をすべて返済す

カルピス食品工業株式会社発足後、初めて出荷される「カルピス」。昭和28年には水飴使用から全糖となり、「カルピス」本来の味に戻った。

るまでにいたったのです。

これを契機に、國分社長は昭和二十九年に海雲を代表権のある取締役会長としました。そして、昭和三十一年に、海雲は再び社長に就任し、國分は会長になったのです。

海雲はこのとき七十七歳とかなり高齢でしたが、その老練な手腕を存分にふるい経営にあたりました。生産機構の拡大・改善を図り、昭和三十六年には神奈川県相模原市に当時乳酸菌飲料としては世界最大級の新工場を設立します。一方で量販体制を整備し、有効な広告宣伝活動を展開していったのです。

昭和三十年代に日本経済が高度成長期に突入し、消費者の購買力が飛躍的に伸びたことも相まって、カルピス食品工業の売上高は、海雲が社長に復帰した昭和三十一年の約二一億七七〇〇万円から、同三十六年に約四八億四二〇〇万円、そして同四十年には約一一三億八九〇〇万円と、一〇〇億円を越えたのです（表3）。

表3　カルピス製造（株）の売上高

（単位：千円）

年	売上高	年	売上高
昭和25	519,555	昭和38	7,114,487
昭和26	524,393	昭和39	9,069,903
昭和27	656,130	昭和40	11,389,595
昭和28	975,239	昭和41	14,540,618
昭和29	1,318,981	昭和42	18,417,325
昭和30	1,672,762	昭和43	21,043,262
昭和31	2,177,424	昭和44	28,537,881
昭和32	2,497,618	昭和45	37,672,102
昭和33	2,606,187	昭和46	47,414,666
昭和34	2,878,967	昭和47	53,865,228
昭和35	3,612,362	昭和48	58,584,371
昭和36	4,842,774	昭和49	63,025,170
昭和37	5,837,564	昭和50	55,451,210

この順調な進展に伴い、海雲は、「日本の『カルピス』」を「世界の『カルピス』」にしたいという夢を抱くようになります。海雲は、「いまや『カルピス』は日本の飲料から世界の『カルピス』へと伸びてきている。昨年（昭和三十九年）の東京オリンピックには世界九四カ国の人たちに大変な人気を博した。私の望みは今後、オリンピックの開催ごとに外国にひとつずつ『カルピス』の兄弟会社をつくっていくことである。そうすれば四〇年で一〇の兄弟会社ができる」と語っています。

三島海雲記念財団の設立

海雲は、昭和三十七（一九六二）年十二月二十四日に、財団法人三島海雲記念財団を設立しました。海雲は、社長に復帰してから、自分が今日あるのは自分個人の力ではなく、先輩、友人・知己、そして国民大衆

左）昭和半ばブランド力のある「カルピス」は贈答用としてのニーズも高まった。写真は化粧箱詰「カルピス」（「カルピス」大壜2本入・3本入）。右）食堂・喫茶店での販売促進に用いられたグラス。

の「カルピス」に対する絶大な支援によるものであり、自分はこれに報いなければならないと思うようになりました。関東大震災のところで述べた「すべての行為の効果を有するものは、私欲を離れたる根から生ずるものなり」という言葉の持つ真の意味を悟ったというのです。

海雲は「私欲を離れたる根から生ずるもの」にふさわしいことを、どんなに小さいことでもよいから実現しようと思い立ちました。そして「どうか、この日本という国が、将来ともにますます立派な国になってほしい」という願いを込めて、日本の発展の原動力となる知力（よい学者）を育てること、つまり学者の立派な研究と発明を助成していくことを決意したのです。

海雲は、自ら保有するカルピス食品工業の全株を提供して学問の研究を援助する計画を立て、日本学士院の院長を務めた山田三良博士を訪ね、自らの思いを説明しました。山田はこの計画に賛同し、文部省（現・

激烈な清涼飲料業界を勝ち抜くため、地道かつ積極的な販促活動が展開された。右）組み立て式移動店舗を背にする海雲。左）東京オリンピック時に企画されたソノシート（抽選で50万人に贈られた）。

文部科学省）に赴いて、「財団法人三島海雲記念財団」設立の趣旨を伝えました。ついで海雲は、山田三良、天野貞祐（獨協大学学長・元文部大臣）、栗田淳一（日本石油株式会社相談役）、川西実三（日本赤十字社社長）、坂口謹一郎（東京大学名誉教授）らに発起人を依頼し、自らは代表発起人となりました。

　そして、昭和三十七（一九六二）年七月七日、海雲は「一、自然科学、とくに食料品の研究と、人文科学の研究を助成すること。二、上記の研究結果を応用して人類の福祉に寄与すること。本財団の基本金はきわめて僅少である。しかし、私の現有全財産を注入したものである。その狙うところは、私欲を忘れて公益に資する大乗精神の普及に在る。広野に播《ま》かれた一粒の麦になりたいのである」という内容の「設立趣旨書」を作成しました。

　三島財団は第一回の昭和三十八年に三件（一一五〇万円）の研究資金の助成を行い、第二回の昭和三十九

海雲（右）は私財を投じ三島海雲記念財団を設立。同財団は、昭和38年第1回助成から現在（平成21年第47回）に至るまで延べ1,434名に対して9億1千万円余もの奨励金を助成している。

年には八件（八三万円）、そして、その後も助成を行い、海雲が願った「日本の知力の育成」が全国各地で着々と図られていきました。

二、三島海雲の事業観・人生観

日本一主義

海雲は乳酸菌飲料「カルピス」を発明し、これを主力製品として成功を収めました。しかしその過程では、海雲自身の資質や努力もさることながら、杉村楚人冠をはじめとする、多くの人たちの尽力によって支えられていたことが特筆されます。海雲はこのことについて『私の履歴書』*で、次のように語っています。

「私が、事にあたって心がけてきたことに日本一主義がある。これは何か問題が起きたときには日本一流の学者なり専門家の意見を聞き教えを乞う主義であっ

私の履歴書
日本経済新聞朝刊（最終面）に連載されている読み物。昭和三十一（一九五六）年三月一日から開始される。三島海雲は昭和四十一年四月に連載された。

易経
五経のひとつ。占筮（せんぜい・筮竹で卦を立てて六四卦のいずれかにあたるかで吉凶を占うこと）に用いられる書物。

て、こうすれば、安心して事が運べる。私が蒙古での緬羊の牧畜と品種改良をやろうとしたとき、まっ先に大隈侯の意見を聞きにいったのもその一例である。（中略）ともかく私はこの日本一主義によって、数十年来各界の権威者とお付き合い願い、懇意にしてきた。こうした一流人との交友が今日の私と私の事業をささえる無形の大きな支柱である」。

このように、海雲は「乳酸菌飲料」という新しい事業に対する熱意やチャレンジ精神を有しながらも、他者の意見を素直に受け入れる謙虚さや柔軟性を有していたのです。つまり、他者との繋がりを有効に利用していったことが、海雲の事業を支えた大きな要因だったのかもしれません。またそのような海雲の人間的な魅力に、多くの人たちが惹き付けられたともいえるでしょう。

「天行健なり」

海雲には、人生のモットー、座右の銘としている二つの文言があります。ここで紹介しておきます。

ひとつは『*易経《えききょう》』のなかにある「天行健、君子自彊不息（天行は健なり、君子は自らつとめてやすめず）」という言葉です。「天体の運行は健全そのものである。千年万年の

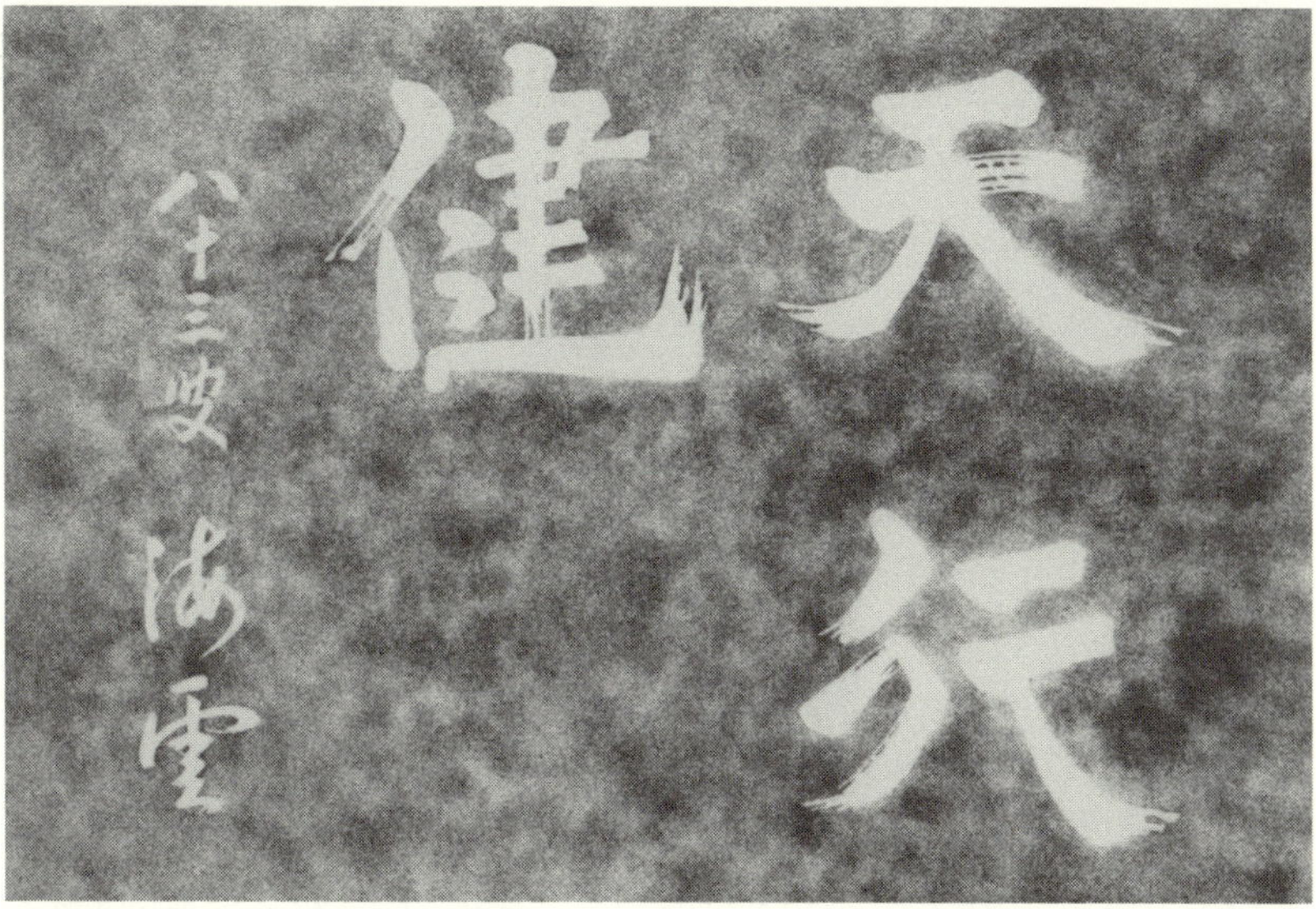

海雲が人生の指針とした「天行健」（直筆）。

昔から一分一秒の差もない。賢者は天体が休まず運行しているように規則的に働く」ということを意味しています。

　海雲の解釈によると「地球は二四時間で自転しながら三六五日と四分の一日で太陽を一周する。そして四年に一回の閏年がくる。この運行ほど確実で信頼できるものはない。いくら人間が月の往復ができるようになったといっても、天体の運行を変えることができない。われわれもこの運行のように、時間を守り規則正しい生活をしていれば、必ず仕事はうまくいき、体は健康になる」ということです。

　前にも触れたように、幼い頃、海雲は病弱でした。健康に自信がなかっただけに、人一倍健康ということに神経を遣い、努力したのです。海雲は自分の信条に合っているとして、この言葉に従って生活し、人に会うたびにこの言葉を説明していたそうです。

　もうひとつは『文選《もんぜん》（梁の昭明太子が、周から梁に

海雲は、昭和34年に紺綬褒章と黄綬褒章を授与された。同49年には、国家・公共に対して功労のあった者に与えられる勲三等瑞宝章を受章している。

いたる各朝の詩や文章を集めたもの）』のなかに収められている、崔子玉《さいしぎょく》の座右の銘です。海雲はこれを自分の座右の銘としています。

「人の短を道《い》うなかれ。己の長を説くなかれ。人に施しては慎んで念《おも》うなかれ。施を受けては慎んで忘るなかれ。世誉は慕うに足らず。唯仁を紀綱《きこう》となす。心に隠《はか》りて後動く。謗議《ぼうぎ》庸何《なん》ぞ傷まん。名をして実に過ぎしむなかれ。愚を守るは聖の蔵《よみ》する所なり。涅《くろ》に在れども緇《くろ》まざるを貴ぶ。曖々《あいあい》として内に光を含め。柔弱は生の徒《あだ》なり。老子は剛彊を誡《いまし》む。行々《こうこう》たる鄙夫《ひふ》の志。悠々として故《まこと》に量り難し。言を慎み飲食を節し。足るを知りて不詳に勝て。これを行いて苟《いやしく》も恒《つね》あらば、久々自ら芬芳《ふんぽう》たらん」。

これも海雲の意訳によると、次のようになります。

「人の短所について、とやかく言ってはならぬ。また、自分に長所があるからといって、それをむやみに言い立ててはならぬ。人に恩恵を施したときには、身

海雲健在の昭和35年、カルピス食品工業（当時）の役員・従業員一同はその偉業を永遠に讃えるため、東京築地本願寺和田堀廟所境内に「三島海雲翁顕彰碑」を建てた。

を慎み、そのことを、いつまでも覚えていてはならぬ。しかし、他人から施しを受けたときには、けっしてそれを忘れてはならぬ。世間の人の評判などは、さして問題とするに足りない。ただ、仁（正直と思いやりの心）ということを自分の大きなよりどころとし、これに照らして、よく考えたうえで、行動を起こすようにしたい。人からとやかく言われたところで、気にすることはない。おのれを愚かなものと思いとおすがよい、と昔の聖人も教えている。しかし、泥の中にあっても、泥に染まって黒く汚れないのが尊いのである。見かけは暗愚なようでも、内には、高く明るい精神をもっていなければならぬ。総じて、生きているものは柔らかく、しなやかである。老子も、こちこちに堅くなってはならぬと教えている。人間の生き方も、また柔らかくなくてはならぬ。堅い態度で生きていこうとするような者は、いつ、どんな災いを受けるか、わかったものではない。言葉に十分注意し、飲食の欲を控えめに

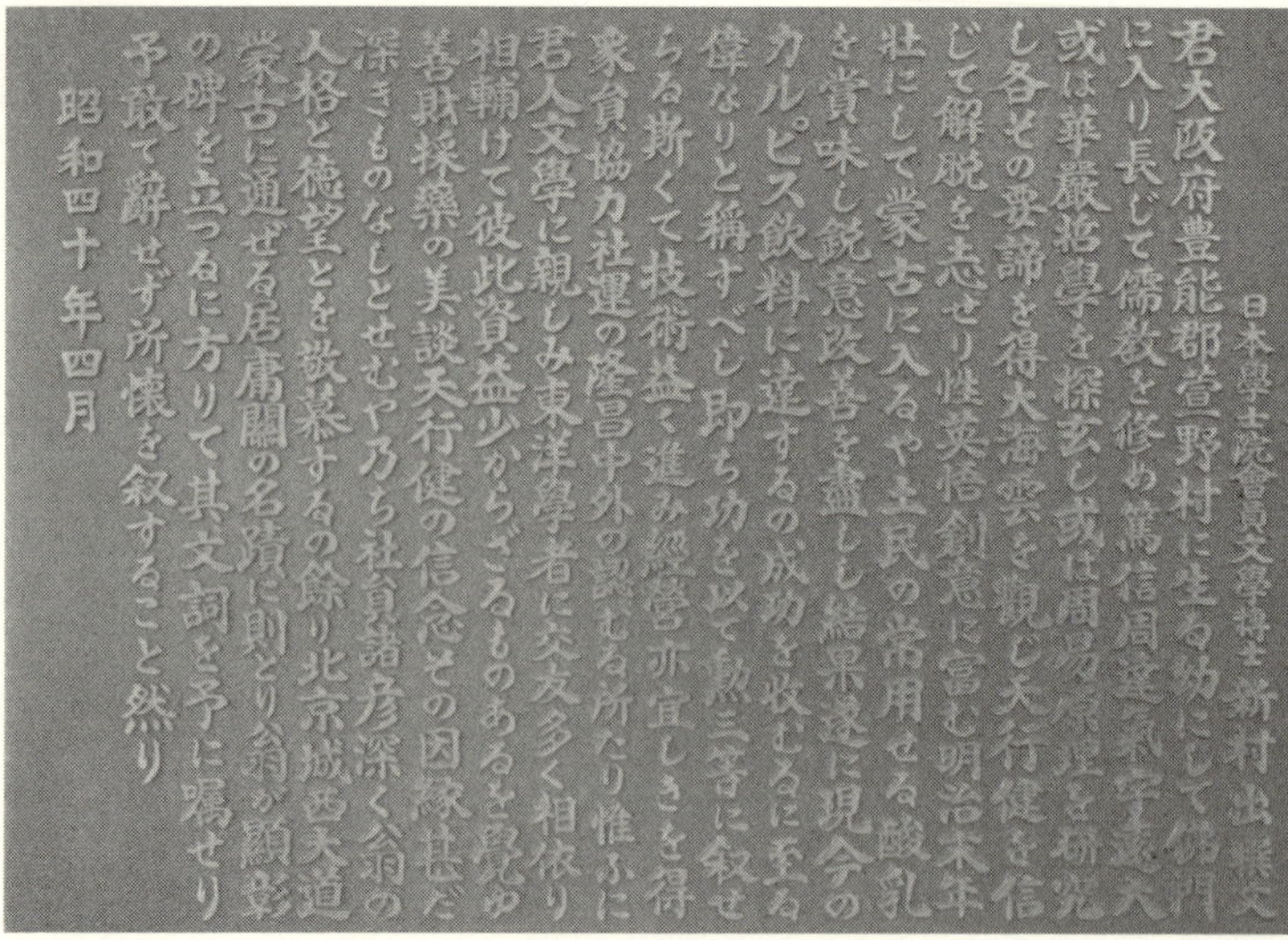

三島海雲翁顕彰碑に刻まれた、日本学士院会員新村出文学博士の撰文。その一文、「社員諸彦深く翁の人格と徳望とを敬慕する〜」から、海雲の人物像を伺い知ることができる。

し、頃合いのところで満足することを知り、いつ起こってくるかわからぬ災難に打ち勝つよう心がけるがよい。ずっと、いつまでも、こうした心を持ち続けていれば、よい香りがにおうように、自分の優れたところが自然に知れわたり、よい気持ちで世渡りができるであろう」。

自然体であり続けたいという海雲の姿を象徴している言葉ですが、海雲自身もこの言葉について「これほど完璧な処世訓はない」と語っています。

「国利民福」

海雲は、昭和四十五（一九七〇）年二月二十八日、取締役社長の座を、副社長の土倉冨士雄（土倉竜次郎の長男）に譲り経営の第一線から退きました。九十三歳のときでした。ラクトー株式会社を設立したのが大正六（一九一七）年、四十歳のときですから、二度ほ

96歳の勇退からわずか1年後の昭和49年に急逝。海雲は文字通りそのすべてを「カルピス」にかけた。
私欲を離れ国家・国民のために邁進した海雲の遺徳は「カルピス」と共に未来永劫色褪せることはない。

左）海雲の喜寿を祝って全国の会員店舗から贈られた海雲の胸像。本社玄関脇で見ることができる。
右）勇退の頃、富士山にて。

海雲の葬儀は、昭和50年1月11日、東京築地本願寺にて社葬として執り行われた。関係者だけではなく、広く各界から参列者が駆け付けた。

どブランクはあったものの、海雲は五三年間という長きにわたってトップ・マネジメントを努めたことになります。なお、その後は取締役になり、昭和四十六（一九七一）年二月から取締役相談役の職を務めて、同四十八年二月に勇退しました。

そして、海雲は心筋梗塞のため、昭和四十九年十二月二十八日に帰らぬ人となりました。享年九十七歳でした。この歳まで生きたことは「カルピス」がいかに健康に優れている商品であるかを、自ら証明したようでした。

海雲の人生観であり、カルピス食品工業の企業理念ともなった「『国利民福』のために尽くさずしてなにものもなし」という言葉があります。「国利民福」、つまり「国家の利益となり、人々の幸福につながる事業をなすこと」、この言葉は、同社に深く根付くと共に、それはまた消費者から多大な信頼を得る企業に発展させる原動力ともなりました。

現在のカルピス株式会社の主な商品展開

＜コンク（濃縮）飲料＞

平成21年に発売90周年を迎えた「カルピス」をはじめとするコンク（濃縮）飲料を展開。左より「カルピス」、カルピスフルーツシリーズ「カルピス」ぶどう、「カルピス」ダイエット。

＜ストレート飲料＞

乳性飲料や果汁飲料など、希釈せずにそのまま飲める「ストレート飲料」を幅広く提供。左より「カルピスウォーター」、「カルピスソーダ」、「THE PREMIUM CALPIS」、「ほっとレモン」。

＜健康機能性飲料・食品＞

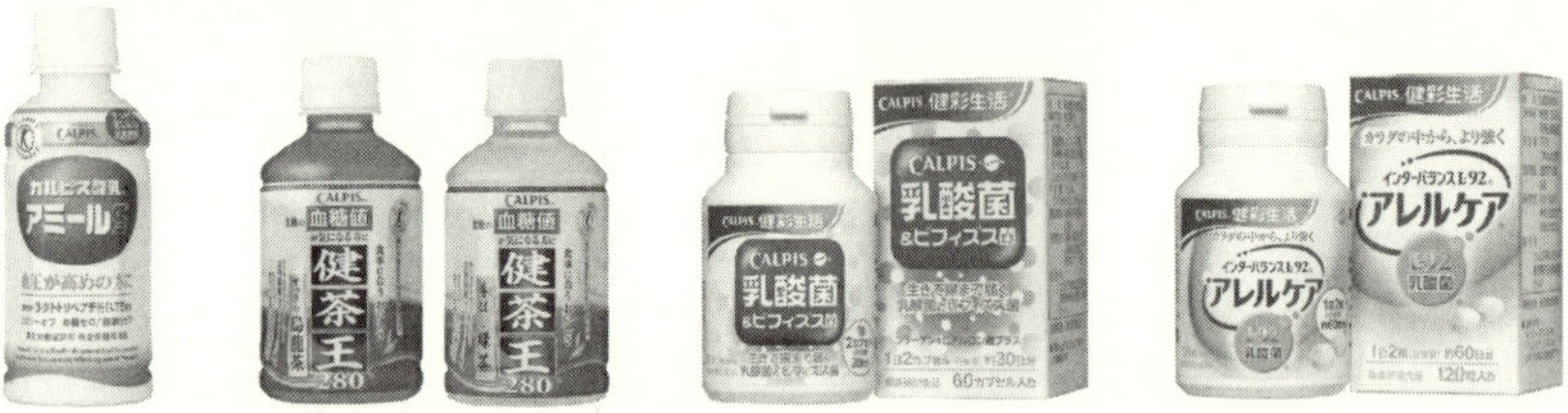

「カルピス」のもとになる「カルピス酸乳」研究の末に開発された健康飲料・食品のほか、機能性食品素材の開発・販売及び知財供与ビジネスを展開。左より特定保健用食品「カルピス酸乳 アミールS」「健茶王」すっきり烏龍茶・香ばし緑茶、健彩生活シリーズ「乳酸菌＆ビフィズス菌」「インターバランスL-92 アレルケア」。

＜乳製品＞

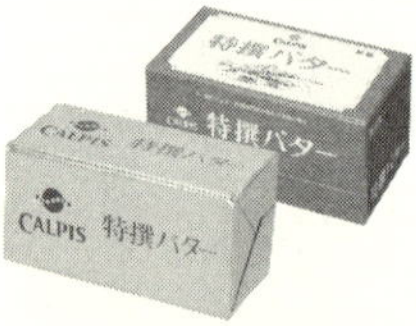

「カルピス」製造で培われた高度な乳加工技術を活かしてバターやクリームを生産。その品質は高級レストラン・ホテル・菓子店などからの評価も高い。写真は「特撰バター」。

＜ギフト＞

日本初の乳酸菌飲料としての実績と品質に対する市場の信頼（ブランド力）は、贈答品としての商品展開を後押しする。写真は「カルピス」ギフト。

＜海外製品＞

日本の国民的飲料から世界の飲料へ──。アジア3拠点と米国に法人を設立し、世界中に「カルピコ（海外名）」を届けるほか、国内同様の事業を展開。写真はタイとインドネシアの商品。

カラダにピース

CALPIS

「カラダにピース」の企業スローガンは、「〈カラダの健康〉だけでなく、美味しさがもたらす〈ココロの健康〉をも含めた『健康価値』を創造できる企業でありたい」との思いから生まれた。

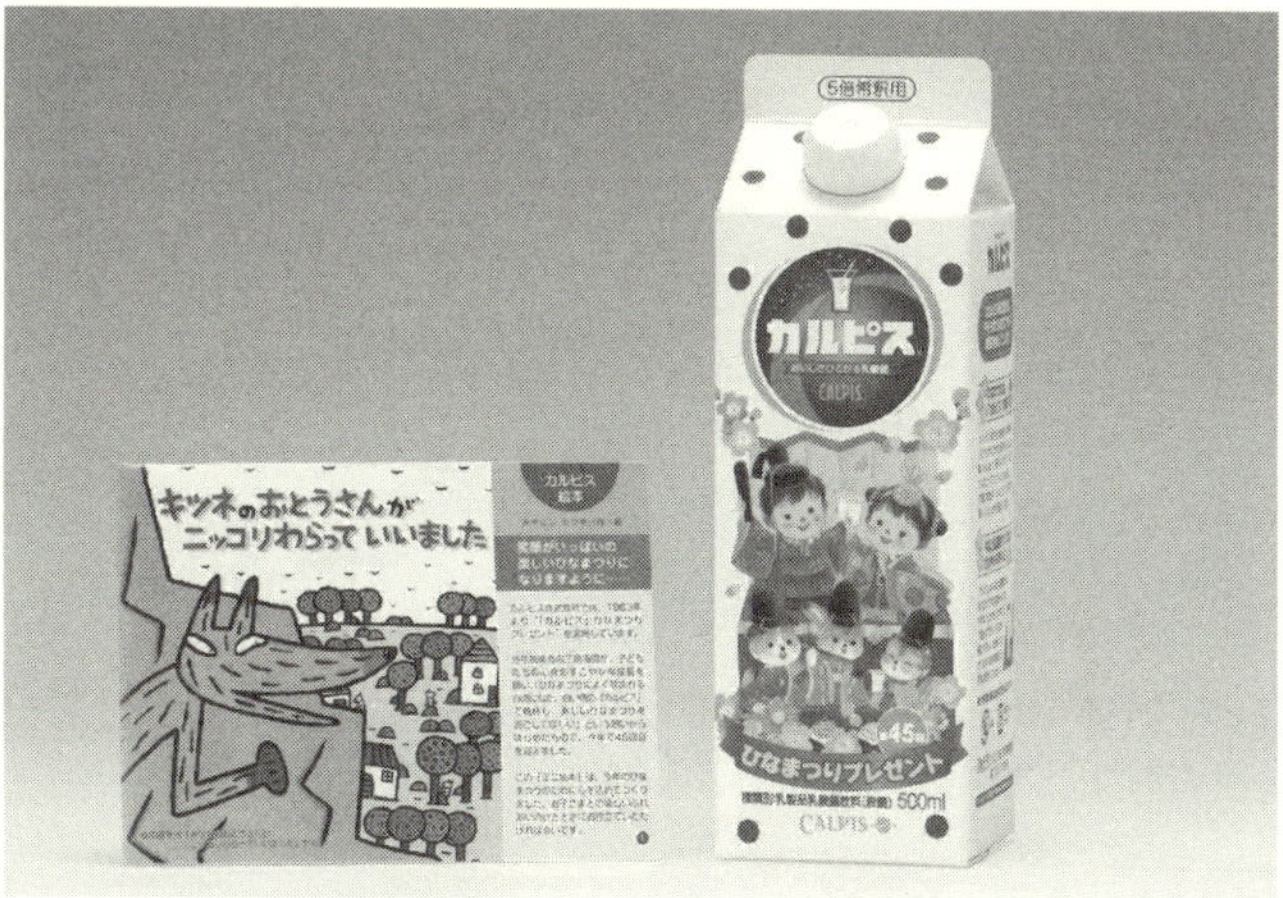

毎年、応募のあった全国の幼稚園・保育園に通う園児一人ひとりに、「カルピス」を届ける「カルピス」ひな祭りプレゼント。「子供たちに楽しいひな祭りを過ごしてもらいたい」との海雲の思いから昭和38年に始まった同プレゼントは、今もなお続けられている。左は同社が子供たちに届けたいと企画する「ミニ絵本」。次世代を担う子供たちが健やかに、そして心豊かに育ってくれることを願って――。海雲の遺志は大切に引き継がれている。

「やってみなはれ」の商人魂を貫いた実業家

鳥井 信治郎

とりい しんじろう

明治十二（一八七九）年一月三十日、現在の大阪府中央区釣鐘町に生まれる。同三十二年、鳥井商店（現・サントリーホールディングス株式会社）を興し、国産初のウイスキー製造に成功。昭和三十七（一九六二）年二月二十日没。

第一章　商人への途

一、両替商の家に生まれる

大阪商人の父

鳥井信治郎《とりいしんじろう》は明治十二（一八七九）年一月三十日、大阪市東区（現・中央区）釣鐘町に生まれました。父親は両替商*を営んでいた鳥井忠兵衛で、母はこまといいます。信治郎は四人兄弟の末っ子で、十歳年上に兄喜蔵（長男）、六歳年上に姉ゑん（長女）、三歳年上にせつ（次女）がいました。

当時、大阪の両替商*は本両替*と銭両替*の二つが存在し、前者は資金力があり、江戸時代には幕府や藩の金融にも力を貸すほどの存在で、現在でいえば銀行のようなものでした。一方、後者は少ない資金を元にして、一般大衆を相手に銭と正銀の交換を行っていました。信治郎の父、忠兵衛の店はこの銭両替にあたり、手広く小銭の両替を営んでいたのです。

両替商
室町時代に興り、江戸時代に発達。大坂が中心となり、現在に通じる金融システムが確立した。

信治郎が十一歳のとき、忠兵衛は、両替商から米屋に転じます。両替商としての商売はうまくいっていたため、転業した理由はわかりませんが、商売熱心な大阪商人らしく、新しい可能性を探ってのことだったのかもしれません。この米屋についても、忠兵衛はすぐに結果を出し、店を繁盛させます。彼は優れた商売人だったのです。と同時に、彼は慈愛の精神に富んだ人物として町人に愛される人でもありました。これは信治郎という人物を知るうえで、大変重要な鍵といえるものです。

忠兵衛は、商売に励み家業を大きくする一方で、生活の苦しい者には援助を惜しみませんでした。信治郎の回想によれば、困窮する小学校の用務員一家に米を供するため、信治郎に一五キロほどの米を届けさせたことがありました。忠兵衛は自らの利ばかりを追う人物ではなく、また、その成功に溺れることもない、先義後利の人だったのです。

一方、父の商売を支えた母こまは、健康的で明るく、忠兵衛と同様に恵まれない人にに手を差し伸べる優しい性格の持ち主でした。「人間は相互に助け合って生きていかなければならない」ということを信治郎に度々教え説いたといいます。また、こまは信仰心にも厚く、信治郎ら兄弟はいつも神社や仏閣へ参詣に連れて行かれました。

信治郎は後年、このときのエピソードを語っています。信治郎が三、四歳のときに母と大阪の天満天神*に参詣したときのことです。天神橋の上には多くの物乞いが並んでいました。彼らは一銭のお金でも与えられると、大きな声で礼を言い、その人に何度もお

本両替
主に金貨・銀貨などの高額通貨を扱い、多くの両替商が大坂に本店を置いた。

銭両替
他の商売を兼ねている者が多く、江戸時代、庶民には「銭屋」や「銭見世」とも呼ばれていた。

天満天神
大阪府大阪市北区天神橋にある大阪天満宮。菅原道真を祀る。創始は平安時代中期にさかのぼり、菅原道真の死後、「大将軍社の前に突然七本の松が生え、夜毎にその梢（こずえ）は、金色の霊光を放った」との奇譚により、時の村上天皇の勅命によって建立された。

陰徳あれば陽報あり
「人知れず良いことを行う者には、目にみえて良いことが返ってくる」の意。『淮南子』（えなんじ・前漢の思想書）より。

じぎをしていました。その光景が物珍しかった信治郎は、こまからもらったお金を物乞いに与え、彼がどのように礼を言うか、自らその様子を見てみたいと思いました。しかし、信治郎が物乞いにお金を差し出し、お礼を言う姿を見ようとすると、普段はめったに叱らないこまが厳しい表情になり、信治郎の手をとり、振り返ることを許さない勢いでその場を後にしたのです。信治郎は礼の心を求めたわけではなく、子供心にお礼の動作を見たかっただけでした。それゆえ、なぜこまがそれを許してくれなかったのか、そのときは大変不可解だったといいます。

しかし、その後、信治郎は、こまの態度の中に「人に施しをする者は感謝を期待してはいけないという、陰徳の精神が大事である」という考えがあったことに気が付きます。信治郎は、こまから受けたこの教訓を大事にしました。「陰徳あれば陽報あり*」というのが信治郎の口癖でした。

二、信治郎の修行時代

丁稚奉公に

信治郎は、小さい頃から負けず嫌いな性格で、かなりの腕白者でした。学校の成績も良く、明治二十（一八八七）年に東区島町にある小学校に入学しましたが、翌年には高等小学校に編入し、さらにその高等小学校（四年制）もわずか二年在籍しただけで、梅田にある大阪商業学校に入学しました。現在でいう「飛び級」を次々と果たしたことになるわけです。当時の学制はまだ曖昧なものだったため、その詳しいいきさつはわかりませんが、いずれにせよ、信治郎がそれだけ優秀だったことに変わりはありません。

信治郎がその大阪商業学校の二年に在学していた頃、父忠兵衛の指示もあって、道修町*の薬種問屋小西儀助商店*（現・コニシ株式会社）へ丁稚奉公に出ることになりました。明治二十五年、信治郎十三歳のときです。明治初めの大阪では、商家の子弟を立派な商人に仕立てるには、若いうちから商業の現場で下積みの苦労をさせ、経験によって得られる「生活の知恵」を体得させたほうがいいという考えがありました。つまり、忠兵衛の指示には、学問よりも実践のほうがいいという判断があったのです。

小西儀助商店へ奉公

小西儀助商店の創業は明治三（一八七〇）年で、漢方薬の取り扱いを主としていましたが、西洋の薬も輸入しており、ブドウ酒、リキュール、ブランデー、シェリー酒などの洋酒も手掛けるようになりました。父忠兵衛が、信治郎を小西儀助商店に入店させた

道修町
大阪府大阪市中央区船場にある薬種問屋街。海外からの輸入薬が集まる拠点として、古くから薬の町として栄えた。現在でも武田薬品工業、田辺三菱製薬、塩野義製薬など大手製薬会社が本社を構える。

小西儀助商店
明治三（一八七〇）年に創業した薬種問屋。当初、漢方薬が主だったが、西洋の薬を取り扱い、さらには洋酒製造を手掛け、洋酒や缶詰などの食品も扱った。明治十七年には朝日麦酒（現・アサヒビール）の製造販売にも乗り出している。現在は、コニシ株式会社として接着剤を製造する。

サイダー
日本独自の清涼飲料水。英語のサイダー（cider）は「りんご果汁／りんご酒」を指し、日本の「サイダー」は英語での「ソーダ」にあたる。日本でサイダーの製造が始まったのは、明治二十（一八八七）年頃、横浜の秋元巳之助（みのすけ）が発売した「金線サイダー」といわれている。ちなみに「三ッ矢サイダー」（帝国鉱泉）が発売されたのは明治三十九年のこと。

のは、米屋のほかに副業としてサイダー*やラムネ*の販売も行っており、米屋を長男喜蔵に、副業を信治郎に継がせたいと考えたからです。こうして信治郎の商人としての第一歩が始まりました。

後年、信治郎はある日のことについて、次のように振り返っています。

「生石灰の工場があったが、そこに荷車をひいて、生石灰を取りに行ったことがある。相当遠いところに荷車をひいていき、積めるだけ積んで帰るのだが、十四、五歳の自分には、相当の苦労であった」。信治郎にとって、丁稚奉公はかなり苦しいものだったのです。

しかし苦労を積みながらも、信治郎はそこで薬品の調合の技術を身につけます。いろいろな薬品を扱っていくうちに、実践的な化学知識を身に付けることができたのです。また、小西儀助商店では「赤門印葡萄酒」というブドウ酒を扱っていましたが、信治郎はその製造方法や洋酒に関する知識を学び、さらには、洋酒の微妙な味と香りを嗅ぎ分ける舌と鼻を養っていきます。これにより、信治郎はこの時、すでに相当な「利き酒」ができるようになりました。その腕前は、彼を高給で迎えたいという同業者がいたほどです。

小西儀助商店で三年ほど働いたのち、信治郎は同じく大阪の博労町にある小西勘之助商店に移りました。同店は海外の絵具・染料を扱う問屋で、信治郎はここで仕事に必要

ラムネ
炭酸ソーダにレモン香料と砂糖を加えた清涼飲料水。「レモネード」が転じて「ラムネ」と呼ばれるようになった。居留地に住む外国人に愛飲されていたものが明治になって日本人にも飲まれるようになった。

な薬品の調合技術を磨きました。なお、この頃の信治郎は、自分の信ずることには非常に頑固で、たとえ相手が主人であってもあとには引かず、激しい気性を見せていたそうです。

こうして信治郎は、小西勘之助商店で三年ほど働きます。結局、小西儀助商店を含めて七年間の丁稚生活を送ったことになりますが、信治郎にとっては、かなり苦労の多い時代でした。しかし、小西儀助商店と小西勘之助商店はともに外国からの輸入品を扱っていたため、こうした西洋の文物に囲まれた生活は、若い信治郎にとって刺激に満ちた日々でもありました。また、両店で調合技術を習得しただけでなく、商売のコツやものづくりへの関心が芽生えたことも見逃せません。後年、信治郎がワイン事業で成功したり、ウイスキー製造事業のパイオニアとなった素地は、まさにこの時期につくられたといえるからです。

輸入品を扱う商店での修行は洋風化する時代の流れを肌で感じる貴重な経験となった。

鳥井商店の創設

七年間の丁稚生活を送ったのち、信治郎は明治三十二（一八九九）年二月、二十歳のときに独立を決意し、大阪の西区靫《うつぼ》中通りに小さな家を借りて、鳥井商店を開業しました。

開業当初、鳥井商店ではブドウ酒の製造販売を中心とし、ほかに輸入した缶詰類も取り扱っていました。このブドウ酒は、アルコールに砂糖やさまざまな香料を混合してブドウ酒に近い風味を出した、いわゆる合成酒でした。当時の日本で「ブドウ酒」と称して売られていたものの多くは、この種の合成酒だったのです。信治郎は、丁稚奉公時代に習得した調合の知識と技術を生かしてブドウ酒の製造を行ったのです。

信治郎は毎日午前三、四時に起床し、注文を受けた分を瓶詰めから荷造りまですませて、午後三時頃に荷馬車に積み込んで取引先に運びました。ときには、清国に向かう貿易船に直接運ぶなど、労を惜しまず商売に邁進します。鳥井商店の得意先は、主として清国人の貿易商で、折りしも日本では日清戦争*終結後から対中国貿易が活発化したため、販売も順調に伸びていきました。そのため、信治郎の作業は、夜を徹して行われることもしばしばだったのです。

このような順調な事業の成長に伴い、信治郎は三度も作業場を移転しています。作業効率を高めるため、より敷地が広く、かつ製品輸送の便利な立地を求めて、開業三年目には、南区安堂寺橋通りに、四間ほどの店を構え、店員も数名雇えるまでになりました。

日清戦争
明治二十七（一八九四）年夏から翌二十八年四月に、朝鮮半島を巡って日本と清国（中国）の間で行われた戦争。明治二十八年、講和条約（下関条約）に調印し、遼東半島、台湾等を日本の領土とすることなどが決められた。その後、ロシア、フランス、ドイツの「三国干渉」により日本政府は遼東半島の返還に応じた。

第二章　ワイン事業の成功

一、「赤玉ポートワイン」を発売

寿屋洋酒店に改称

　区安堂寺橋通りに店を移転した頃、信治郎は神戸で洋酒の輸入を営むセレース商会に出入りするようになり、そこでたびたび本場の輸入ワイン*を試飲する機会を得ました。小西儀助商店に丁稚奉公をしていたとき、近所によく遊びに行った場所に「荻野」という和紙の小売商があり、その主人の姉がスペイン人セレースのもとに嫁いだため、その縁で信治郎は彼の店「セレース商会」とつながりを持つようになったのです。本場のブドウ酒への憧れ、好奇心、そして探究心が、信治郎をたびたびセレースの店へと足を向かわせました。そのなかで、欧米の食事作法や飲食物の嗜好状況など、さまざまな知識を得ることになりました。

　ちょうどこの頃、鳥井商店では、これまでの清国向けの輸出専門であった店の方針を

ワイン
日本にワインが伝えられたのは十六世紀中頃といわれる。ワイン醸造の最も古い記録は、明治三（一八七〇）年頃、山田宥教（やまだのりひさ）と詫間憲久（たくまひろのり）が甲府で始めたブドウ酒の醸造で、以後、各地で醸造され、同九年には明治新政府が北海道札幌で開拓使葡萄酒醸造所を開設し醸造に成功するが、人々に広く飲まれるほどの普及は見なかった。

改めて、国内に販路を拡張しようとしていました。そのようなときにセレースの店で本場のブドウ酒の味を知ったのです。信治郎は、これを日本で大々的に売り出そうと決心します。信治郎は、すぐさまセレース商会からスペインの良質な樽詰めブドウ酒を買い入れ、それを瓶詰めにして売り出してみました。しかし、その売れ行きは、信治郎の期待には反するものでした。スペイン産のブドウ酒は、日本人にとって酸味が強すぎたこともあって、当時の日本人の味覚にはなじまなかったのです。そもそも本格的なブドウ酒を飲用する習慣は日本人にはまだありませんでした。大量の返品を目の当たりにした信治郎は、日本人の舌に合う少し甘めのブドウ酒をつくらなければならない、と思いを新たにしたのです。

　信治郎は早速、スペイン産のブドウ酒をベースにした、日本人の味覚にも合うブドウ酒の調合に着手します。そして、試行錯誤の末、信治郎は納得のいく甘味ブドウ酒を造り出すことに成功します。信治郎は、これに「向獅子《むかいじし》印甘味葡萄酒」と名付けて明治三十九（一九〇六）年九月に売り出しました。その際、友人である西川定義の出資を得て、同月に店名を「寿屋洋酒店」と改称します。店名に「洋酒店」と付したことは、これからは洋酒づくりで身を立てていこうとする信治郎の決意といえるものでした。

　なお、西川はもともと米屋を営んでおり資力のある人物でした。信治郎は彼を共同経営者として迎え入れ、信治郎が販売部門を、西川が製造部門を担当することにしました。

神谷伝兵衛
三河国（現・愛知県）生まれ。実業家。明治十三（一八八〇）年に東京浅草に酒の一杯売りを生業とする「みかはや銘酒店」（現・神谷バー）を開き、明治十四年に「蜂印香竄葡萄酒」を、十五年に「速成ブランデー（現・電気ブラン）」を、十八年に「蜂印葡萄酒」を発売。明治三十六年には醸造所「神谷シャトー（現・シャトーカミヤ）」を開設し、三河鉄道（現・名鉄三河線）の社長も務めている。安政三（一八五六年）年～大正十一（一九二二）年。

ポートワイン
ポルトガル北部ドウロ川上流でつくられる甘味の強いワイン（甘味果実酒）。発酵中にブランデーを加えて酵母の働きを止める独自の製法によってつくられる。

新製品「赤玉ポートワイン」

「向獅子印甘味葡萄酒」は信治郎の労作でしたが、彼自身まだ満足のいくものとはいえませんでした。日本人に広く飲んでもらうためには、適度な甘酸っぱさだけでなく、美しい色合いも必要であると感じていたのです。また、この頃のブドウ酒業界では、東京の神谷伝兵衛*商店の「蜂印香竄《こうざん》葡萄酒」（明治十四（一八八一）年発売）が圧倒的な売り上げを誇っていました。一方、信治郎の寿屋洋酒店は後発ゆえ、神谷伝兵衛商店に対抗していくためには、「蜂印」よりも美味なブドウ酒を開発していかなければなりません。信治郎はこの「蜂印」にとって代わる商品を生み出そうと、対抗意識を燃やし、開発に精を出します。

信治郎は、あらゆる種類の甘味料と香料を集め、スペインから取り寄せたブドウ酒をベースに朝から晩まで試作に励みました。その結果、ある日、信治郎は「これだ」というひとつの味に辿り着きます。「本場のポートワイン*とは味も香りも違うかもしれない。しかし、この酒は世界のどこにもない、日本のブドウ酒、日本のポートワインや」と、自身が相当入れ込むほどの出来栄えでした。

さらに信治郎は、中身だけでなく、商品のネーミングにも力を入れます。商品名を何

発売当初の赤玉ポートワインのラベル。後のラベル（左頁）のように「赤玉（AKADAMA）」の文字はなく、「RED BALL」と記されている。

にしようかと迷っていたとき、信治郎はたまたまスペインのある洋酒製造会社が発売していたポートワインとシェリーを手に取りました。ポートワインには「スパニッシュ・ポート」、シェリーには「スパニッシュ・シェリー」と印刷したラベルがありました。そのラベルの隅に、小さな赤い丸がひとつあり、それが信治郎の目に焼き付いて離れませんでした。その赤い玉は太陽をモチーフにデザインされたものでした。信治郎のつくったブドウ酒の色も太陽の色、すなわち赤色でした。「太陽＝日の丸・日本の国旗の図柄であるので、日本人に親しみのある」デザインであると、信治郎はラベルには大きな赤い玉を採用することを決めます。そして、新しく出来たブドウ酒には「*赤玉ポートワイン」と名付けたのです。「赤玉」という発想は、小西儀助商店で扱っている「赤門印葡萄酒」や、実家で販売していた清涼飲料の商標である赤色の「ウロコ印」との縁もありました。

信治郎は「赤玉ポートワイン」のラベルにも工夫をこらし、赤玉（太陽）の後光に

赤玉ポートワイン
現在も「赤玉スイートワイン」として発売されている。

〈Red Ball〉という小さい文字をたくさん印字しました。これにより「赤玉ポートワイン」の偽造品が出ても見分けることができたのです。また赤玉の赤い色にもこだわりました。印刷所から見本刷りがきても、信治郎はなかなか首を縦には振りませんでした。人々の目を捉え、印象に残る商品にするためには、強く美しい発色の赤色が必要だと考えたのでしょう。なお包装紙の外貼りラベルについても、偽造を避けるために網目の浮出し印刷を施しています。こうして「赤玉ポートワイン」は明治四十（一九〇七）年四月一日に発売されることになりました。

大正時代の「赤玉ポートワイン」。当時、同商品のネーミングは非常に斬新だったという。また、信治郎がこだわった「赤玉」は、優美な印象を醸し、いま見ても大変美しい。

二、画期的な販売戦略

独創的な広告宣伝活動

「赤玉ポートワイン」は信治郎にとって最善を尽くした商品であり、それゆえに成功を確信できる自信作でした。しかし、またしてもその売り上げは、信治郎の期するものとはいえませんでした。というのも、ブドウ酒はまだ一般大衆のものではなく、上流階級の、しかもごく一部の人々にのみ飲まれる嗜好品でした。事実、この頃の日本の酒類の総製造量において、洋酒が占める割合はわずか一パーセントにも満たず、広く一般に、かつ日常的に飲まれる状況にはほど遠かったのです。「赤玉ポートワイン」の値段も小売りで一本三八銭か三九銭であり、同じ頃の米一升が十銭ほどだったことを考えれば、「赤玉ポートワイン」はかなりの贅沢品でした。また、当時の消費者の大半は「輸入品＝高級、国産品＝粗悪」というイメージを持っていたため、同じ品目なら多少高くても輸入品を購入する傾向にあり、「赤玉ポ

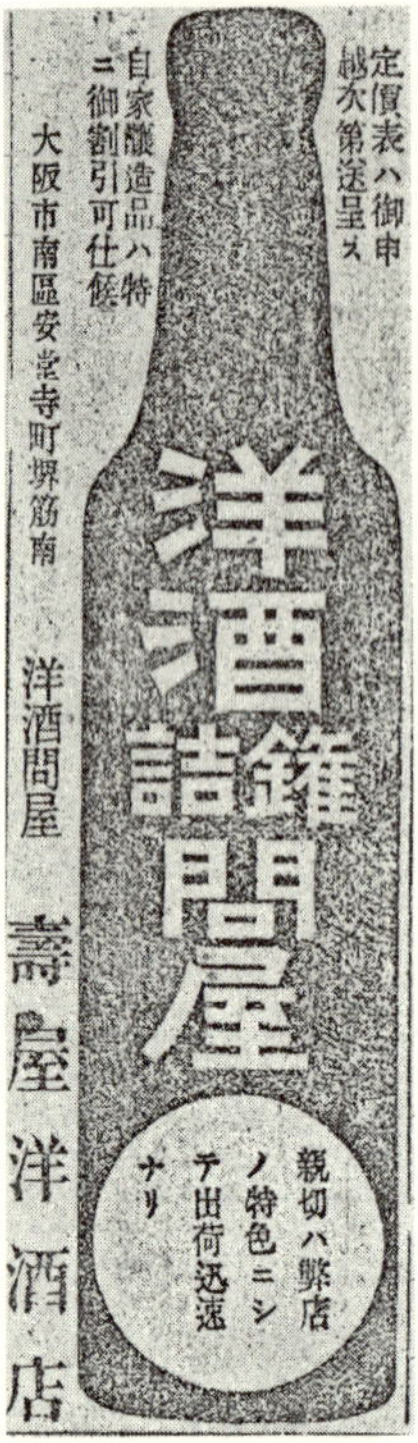

寿屋の第一号新聞広告（明治40年）。

新聞広告
新聞広告が盛んに行われるようになったのは明治中頃からで、なかでも薬品、化粧品、出版が「三大広告主」だった。洋菓子など食料品の広告がよく見られるようになるのは明治末になってから。

ートワイン」のような国産品に対しては、なかなか目を向けてくれません。まして、後発である寿屋洋酒店そのものに知名度がなかったことも、大きなハードルになっていたといえます。それゆえ、一般市場で需要を喚起させるためには、国産品に対するイメージを向上させ、「赤玉ポートワイン」の、引いては寿屋洋酒店の知名度を上げていく必要があり、販売活動への注力が急務となっていたのです。

信治郎は「赤玉ポートワイン」発売から四カ月経った明治四十（一九〇七）年八月十九日、『大阪朝日新聞』に初めての新聞広告*を出しました。その広告には「洋酒缶詰問屋 寿屋洋酒店」、「親切ハ弊店ノ特色ニシテ出荷迅速ナリ」と記しただけで、商品名やこれといった宣伝文句もありませんでした。ただし、当時において、酒類業界における広告はめずらしく、同業者から「たかがブドウ酒を売り出すくらいで」と嘲笑されます。

しかし、信治郎は新聞広告の果たす役割を重要なものと考え、暇さえあれば、その利用法と効果を研究していました。その対象は、酒類業界にとどまらず、他業種で行われている広告手法はもちろんのこと、ラベルや瓶の形など商品パッケージに至るまで、その可能性について、細心の注意を払い研

赤玉ポートワインの新聞広告（明治42年）。

明治42年の新聞広告。積極的な広告宣伝活動の裏には、「これからは洋酒の時代や」という信治郎の確信があった。

究を重ねました。商品を売るためには、そうした細かい点への配慮も重要であると考えていたのです。

信治郎の広告に対する考えの一端を知れるエピソードがあります。信治郎は、広告を学ぶため、多くの外国雑誌を取り寄せていました。それらの雑誌は、自ら読んだ後に、社員にも回覧させていましたが、「新聞広告を見る読者は、いつも新聞を見るのに字引きを用意しているわけやない。これ、見てみなはれ、英語の本や。でも、本を見れば横文字を読めんでも、何の広告で、その商品のために何を訴えようとしているか、一目でわかりますやろ」と社員に説いたといいます。広告は誰にでもわかる図案・文案でなければならない、という彼の宣伝哲学を語ったのです。

ところで、この頃のブドウ酒は、現在と違ってどちらかといえば薬用酒という位置づけで売られていました。明治四十二（一九〇九）年七月二日の「赤玉ポートワイン」の商品名が初めて掲載された新聞広告には「天然甘味ニシテ滋養分ニ富ム」、「薬用葡萄酒」などの文言が添えられています。信治郎は、広告に「身体ヲ強クシ社会ニ活動スル近

医学博士推奨を謳った、当時としては斬新な広告（大正3年）。赤玉ポートワインを推奨する博士として6博士の名があるが、その後、その数は増え続けた。

道！　今直チニ試シ給ヘ。必ズ血、肉、力、健康ヲ増ス」（同四十四年五月）と記し、さらには医学博士や薬学博士の有効証明を付しました。医学博士や薬学博士の存在がまだめずらしかった時代ゆえに、彼らの登場は読者の関心を引き、また、広告に掲載した信治郎の文言に対する信憑性も高めました。それは信治郎の狙い通りでした。結果、この証明を用いた広告は大きな反響を得ます。当初、五名ほどの博士の名前を用いて有効証明を掲載しましたが、その後、博士の数は大正元（一九一二）年に七名、昭和二（一九二七）年には一五名と次第に増えていきました。昭和十四年にはその数は六〇名にも及んでいます。

信治郎は、新聞広告について後年次のように語っています。

「わたしは若い頃から洋酒をつくってきた。いくらよい品をつくっても、ただつくるばかりでは売れない。そこで新聞に広告することをはじめたが、これは大い

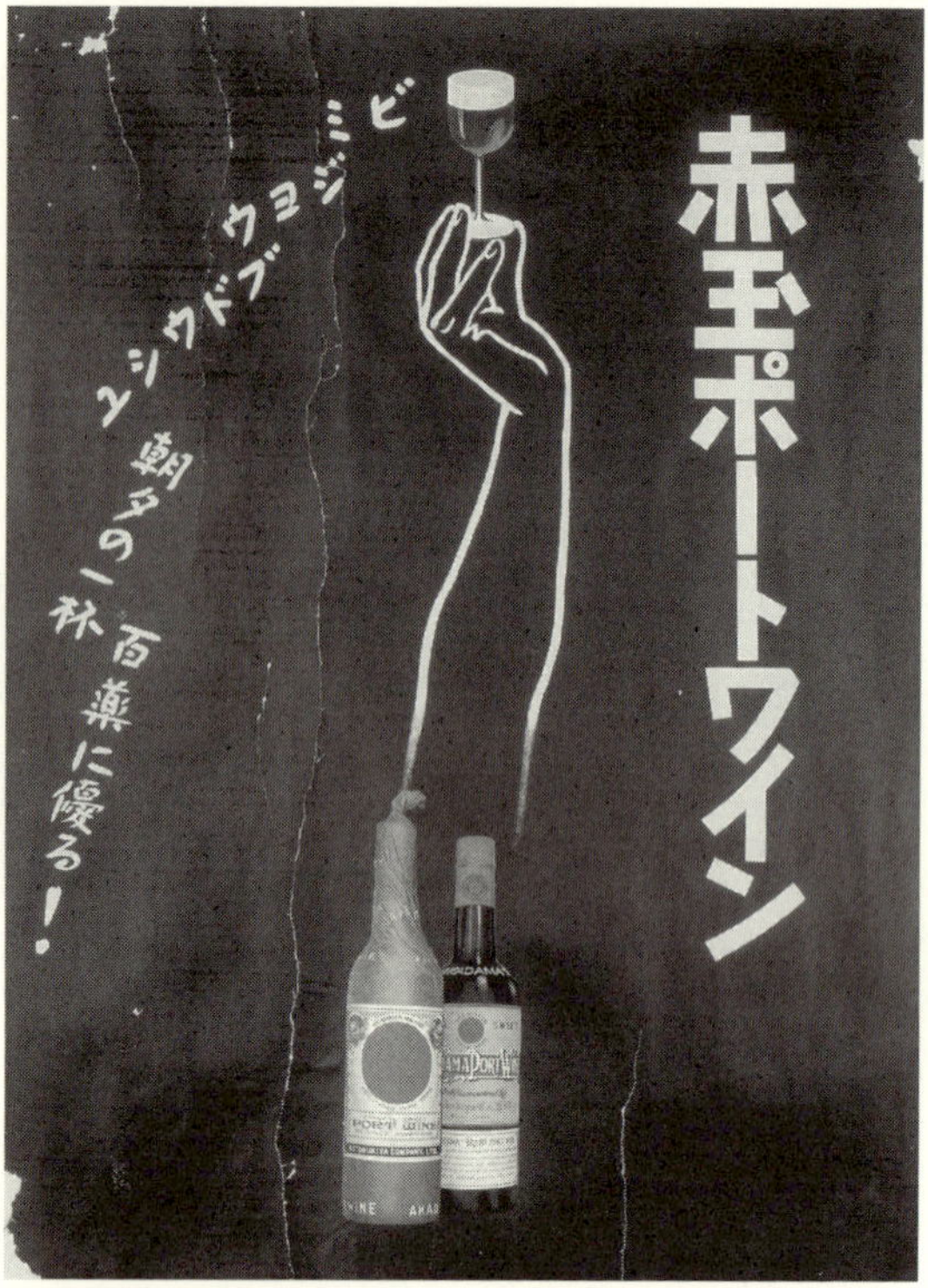

ブドウ酒は疲労回復や栄養のための薬用酒として飲用されていた。
大正11年頃制作の広告にも「滋養」の文字が見える。

に効果があった。消費が減退したからといっては広告し、製品ができたからといっては広告した。よくまああれだけ広告してきたものだと思う。洋酒がここまで飲まれるようになってきた裏には、広告というものの果たした役割の大きさをみのがすことができない」。

さらに信治郎は、新聞広告以外にも宣伝のためにはあらゆる手段を講じています。ここでいくつか紹介しておきましょう。

初夏の日のある夕暮れ、信治郎は赤と黒で「赤玉ポートワイン」と書いた高さ一・五メートルほどの角行灯三〇個ほどを、寿屋と白く染め抜いたハッピを着た若者に担がせ、夕涼みの人たちで賑わう大阪市内の町を歩かせました。人々の視線を集めるうえ、見た目にも美しかったそうです。この方法は、その後、映画の宣伝にも多く用いられるようになりますが、このときはまだめずらしく、大きな話題になりました。

またあるときは芸者も利用しました。正月用の稲穂かんざしを大阪のすべての芸者に贈ったのです。かんざしには白鳩をつけ、その鳩の目に赤玉にちなんで赤い玉を入れました。もし客にかんざしのことを聞かれたときは、「赤玉ポートワインどすえ」と答えるように頼んだのです。

火事もまた信治郎にとっては絶好の宣伝機会でした。半鐘が鳴ると、たとえ夜中であってもすぐに飛び起き、若い社員を現場に一番に駆けつけさせ、消火と救助に協力させたのです。社員のハッピには「赤玉ポートワイン」の文字が染め抜かれ、提灯には「赤玉」と書かれていました。「赤玉ポートワイン」を直接宣伝したわけではありませんが、社員たちの迅速かつ懸命な救助活動は、被災者だけでなく見物人の胸を打って、結果的には「赤玉ポートワイン」の売り上げにも大きく貢献しました。このように信治郎は「赤玉ポートワイン」を人々に知らしめるべく、角行灯から火事場まで、さまざまなアイデアを駆使していったのです。

販売網の拡大

信治郎は、明治四十一（一九〇八）年に、大阪市東区にある祭原《さいばら》商店との取引をもつことに成功します。祭原商店は小西儀助商店と並んで大阪の代表的な酒類・食料品問屋であり、主にヨーロッパからウイスキーやブドウ酒などの洋酒を輸入し、瓶詰めにして販売していました。当時、同店は富山県から愛知県を境にした西日本全土や朝鮮、台湾に販路を有していました。祭原商店との取引開始は、同店主人祭原伊太郎が信治郎のつくる製品の良さと信治郎の人間性を高く評価したからです。その後、寿屋の代理店として、寿屋の製品一切を手掛けるようになり、その販売に力を注いでくれたのです。

西日本方面の販路を確保し終えた大正元（一九一二）年に、信治郎は先に述べた「蜂印香竄葡萄酒」の本拠地である東京への進出を企図し、國分商店＊、鈴木洋酒店＊、日比野商店など東京で勢力をもっていた問屋と特約店契約を交わします。こうした大問屋との取引の開始によって、「赤玉ポートワイン」の販路は次第に広がっていきました。

また、販売ルートの拡大だけでなく、その充実も図ります。その一例が、大正末に行なった開函通知制度でした。この開函通知制度とは、小売店を対象とした一種の報奨金制度で、具体的には、寿屋洋酒店から各小売店に送られる「赤玉ポートワイン」一函につき一枚のハガキを入れ、小売店がそのハガキに必要事項を書き込んで返送すると、割戻金七十銭が支払われるという仕組みでした。いわばリベート制度とダイレクト・メールを組み合わせたようなもので、ときには寿屋店舗の二階がハガキでいっぱいになることもあり、店員がその整理作業に追われたといいます。

開函通知制度は、小売店の店主を対象に行われたものでしたが、信治郎は小売店の店

國分商店
現・国分株式会社。正徳二（一七一二）年、四代國分勘兵衛宗山が土浦に醤油醸造工場を設け、江戸・日本橋本町に店舗を開設。明治十三（一八八〇）年、醤油醸造業から、食品卸売業に転業。なお、十代目國分勘兵衛（明治十六（一八八三）年～昭和五十（一九七五）年）は、カルピス食品工業（現・カルピス）の社長も務めた。

鈴木洋酒店
昭和四十六（一九七一）年、洋酒食料の輸出入や卸などを行なう老舗「松下商店」に吸収合併され、松下鈴木株式会社に。その後、同社は伊藤忠商事と資本・業務提携し、伊藤忠食品株式会社となった。

特売の景品としてつくられた特製煙草盆。時は日本酒の時代。赤玉ポートワインという新しい酒（洋酒）を広く知らしめるべく、信治郎は独創的かつ斬新な広告・販促に取り組んだ。

員に対しても同様に景品を与えました。その方法は「赤玉ポートワイン」一函のなかに、「店員様」と書いた袋を入れておき、そのなかに万年筆やシャープ・ペンシル、ナイフ、手帳、キーホルダーなどの品物を入れたのです。これらはいずれも当時の日本では手に入りにくい「ハイカラ」なものでした。信治郎は、神戸の外国商会などを通じて、こうした品物を入手したのです。各小売店の店主や店員は景品を心待ちにし、それと共に「赤玉ポートワイン」への販売意欲が刺激され、小売店はますます積極的に同商品を取り扱うようになりました。この制度が「赤玉ポートワイン」の売れ行きに大きく貢献したことはいうまでもありません。

さらに、信治郎は時間があれば酒屋、食料品店を自ら訪れ、「赤玉ポートワインはありまか」と尋ね、置いてなければ「あれは和製では一番上等なものですから、今度来るときまでに取り寄せておいてください」

後述する大阪市東区住吉町の本社前に立つ信治郎。

と言い残して帰りました。客に扮した行為とはいえ、置いてくれればかならず売れる、小売店には迷惑にならないという実績と自負があってのことでした。また、顔見知りの店主あるいは店員には、頭を下げて「赤玉ポートワイン」を置くように頼んだりしました。社長とはいえ、いちセールスマンとなって、小売店の新規開拓に努めたのです。信治郎のこの労を惜しまない姿勢は、次第に、酒屋・食料品店、問屋・特約店を動かします。これまで「赤玉ポートワイン」の販売に積極的でなかった店も、信治郎の熱意に感染するようにその販売に力を入れるようになりました。

　このように信治郎の販売戦略の特徴は、既存の流通網を上手く利用した点にあります。すなわち、先述のようにユニークな広告手法を用いて消費者にアピールすると同時に、販売店や問屋など、消費者に対していわば「身内」ともいえる流通・販売関係者にも細心の配慮を怠らなかったのです。彼らを味方につけたことは、後述のような「赤玉ポートワイン」の、ひいては寿屋の躍進にとって強固な礎となります。

赤玉楽劇団と「ヌード・ポスター」

大正十一（一九二二）年に、信治郎は「赤玉楽劇団」というオペラ団を結成しました。当時、関東では浅草オペラが大人気で、関西でも阪急グループの創始者である小林一三《いちぞう》*が創設した宝塚少女歌劇が人気を博していました。信治郎は市井のオペラ熱に乗じて、劇団をつくり宣伝に利用しようとしたのです。信治郎は「ブドウ酒はウイスキーと同様に異国のものなので、日本人に好かれるためには、異国情緒といった雰囲気を強調しなければならない。赤玉とウイスキーは、オペラと同様に、外国から伝えられたものだから、両者は性質において一脈通じるものがある」と考えたのです。

赤玉楽劇団は杉寛を中心に、花園百合子、秋月正夫、松島恵美子、井上起久子、高井ルビーなど、当時の人気スターを集めて結成されました。東京・有楽座での旗揚げ興行の後、赤玉楽劇団は全国各地を回って公演を行います。信治郎は、公演先でその地の「赤玉ポートワイン」の販売店店主や愛飲家を招待し、積極的に「赤玉ポートワイン」を売り込みます。しかし、劇団の運営は予想以上に費用がかかりました。そのため、次

小林一三
山梨県生まれ。実業家。阪急電鉄、阪急百貨店、阪急東宝グループ（現・阪急阪神東宝グループ）の創業者。鉄道沿線の住宅地開発・百貨店経営など現在でも行われる鉄道事業のビジネスモデルを確立。また、宝塚歌劇団、東京宝塚劇場、映画会社東宝も創立している。明治六（一八七三）年～昭和三十二（一九五七）年。

広告史に残る「ヌード・ポスター」。大正11年制作。ワインの色を忠実に再現するため、何度も刷り直しをしたという。

第に資金難が生じるようになり、わずか一年で幕を下ろさざるを得ませんでした。

しかし、思わぬ「副産物」もありました。劇団のプリマドンナ・松島恵美子をモデルとして制作した、わが国初のヌード・ポスターです。このポスターは「赤玉ポートワイン」の宣伝用としてつくられました。ヌードといっても肩から胸の上のほうが露になる程度でしたが、風俗の取り締りが厳しく、肌を露出する習慣もなかった当時の日本では、いまでは想像できないほど大変刺激的なものだったのです。信治郎は、大正十二（一九二三）年五月に出来上がったこのポスターを、全国の小売店に配布します。このポスターは大きな反響を呼び、「赤玉ポートワイン」の知名度は一気に上がったのです。また、このヌード・ポスターは、ドイツの世界ポスター品評会で一等に入選するなど、世界的な評価も得ることになりました。

ところで、ヌード・ポスターは、寿屋の宣伝部長である片岡敏郎と井上木它《もくだ》のアイデアでした。もともと画家だった井上は、大阪時事新報社を経て、グラフィック・デザイナーとして寿屋に入社していました。一方の片岡は、日本電報通信社（現・電通*株式会社）から、森永製菓*に移り、そこで宣伝部長を務めていましたが、信治郎にスカウトされて、大正八年に寿屋に入社しています。片岡は、もともと広告の天才として広告業界では有名だったこともあり、寿屋では大卒の初任給（月給）が三〇円だった時代に三〇〇円という破格の待遇で迎えられました。

片岡と井上は自分たちの才能を寿屋でいかんなく発揮します。井上がまず画を描き、片岡がそれに画賛を描き入れました。片岡の代表的な広告のひとつに、発行済みの新聞社会欄一ページをそのまま用い、その上に墨で「赤玉ポートワイン」と大きく書いたものがあります。一見すると印刷ミスかのような印象を与え、読者に強烈な印象を与えました。その斬新なデザインは、斯界に片岡の名を広めますが、一方で、新聞社はこれを新聞に落書きしているような誤解を読者に与えると判断し、その掲載は中央紙のみに制限され、日本全国に届けることはできませんでした。

さらに、片岡は、琺瑯引き看板の利用も始めています。白地の琺瑯引きの軒吊り看板

電通
明治三十四（一九〇一）年、光永星郎によって設立された広告代理業「日本廣告株式会社」とニュース通信業電報通信社を前身として、明治三十五年に設立。昭和十一（一九三六）年、政府によりニュース通信部門を切り離され、広告代理業となった。現社名（電通）となったのは昭和三十年。

森永製菓
明治三十二（一八九九）年、森永太一郎（慶応元（一八六五）〜昭和十二（一九三七）年）が東京に森永西洋菓子製造所を開業したのがはじまり。大正元（一九一二）年に社名を現在の森永製菓に改称。また、昭和二十四年には乳業部門が分離されるかたちで、森永乳業株式会社が誕生。

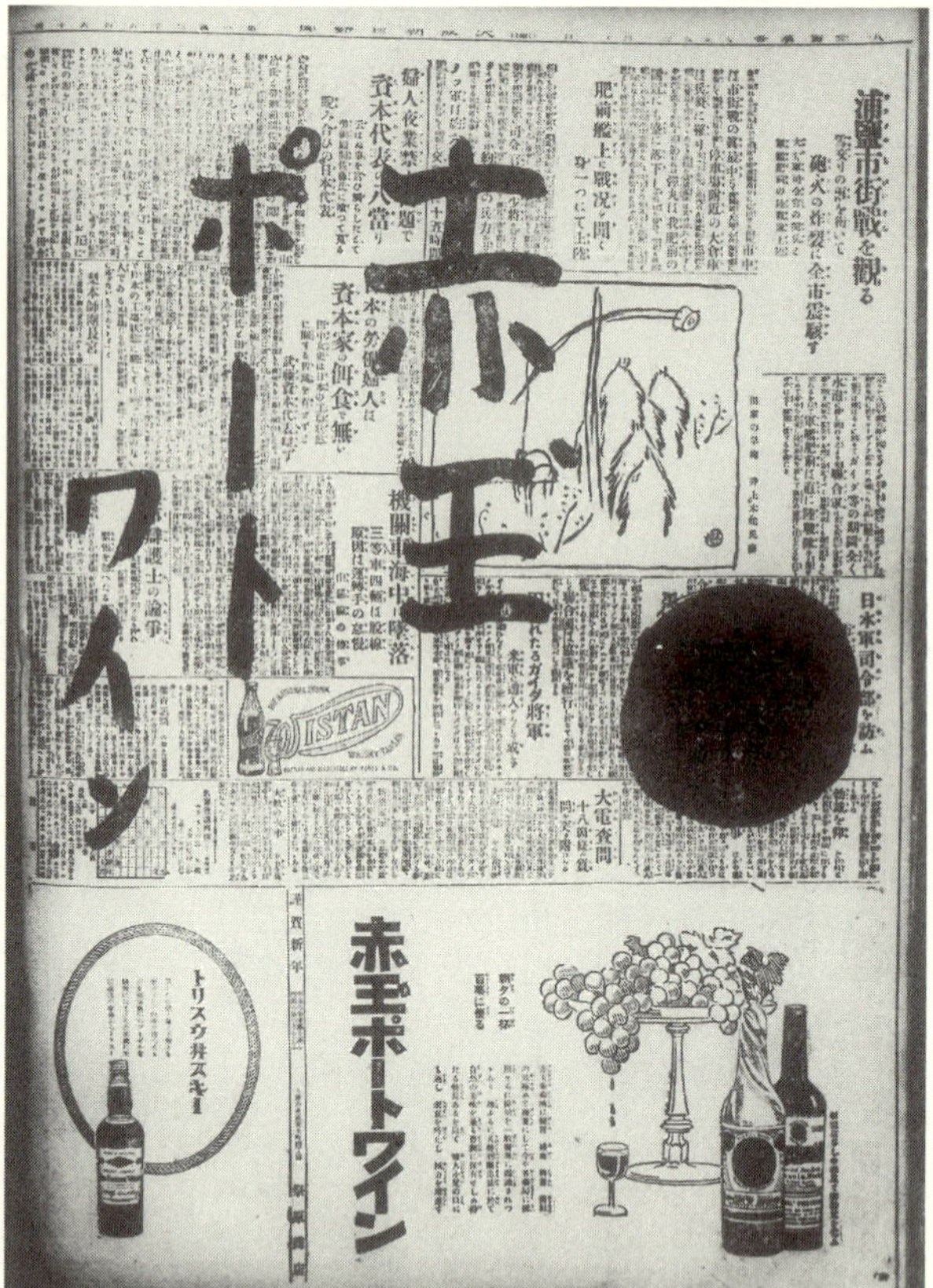

新聞一頁広告。稚拙な筆書きの文字がインパクトをより高めている。

に、赤玉の模様を入れて、その下に「美味　滋養　葡萄酒　赤玉ポートワイン」と黒で書き入れました。この白、赤、黒のコントラストが鮮やかで力強く、一目見ただけでも印象に残るものでした。寿屋ではこの看板を二万枚つくり、全国の小売店に吊らせることにしました。またこの看板を設置する際は、当時ではめずらしいサイドカー付きオートバイを四台買い入れ、乗馬服のような斬新な服装をした社員に小売店を回らせ、行く先々で「赤玉ポートワイン」の宣伝ビラも配らせました。

あらゆることにおいて、自らの信念を貫き、社員にもそれを望んだ信治郎でしたが、

大正10年に制作された軒吊り看板。この琺瑯看板は、戦後も全国の酒販売店に掲げられ、広く長く人々の目に焼き付いた。

片岡には対しては、一切の口出しをしなかったといいます。しかも、前述のヌード・ポスターともなれば、前例がないうえに、会社のイメージを大きく損なう可能性もあり、結果的に成功したものの、運が悪ければ会社の未来をも変えていたはずです。しかし、信治郎は、そのようなリスクを伴う新しい試みに対しても、中止という経営判断を下しませんでした。信治郎は、それほど片岡の才能を評価し、全幅の信頼を寄せていたのです。逆を言えば、片岡がその才能をフルに発揮できたのも、ひとえに信治郎の人間的大きさにあったと言っても過言ではないでしょう。今日でも、意表を突くサントリーの広告宣伝が話題になりますが、その伝統は寿屋発足当初からあり、その後の同社の大きな販売の糧となったのです。

三、経営基盤の確立

業界トップの地位へ

信治郎の販売戦略が奏功していくなかで、「赤玉ポートワイン」にとって追い風ともいえる出来事が起こります。「赤玉ポートワイン」の最大のライバルであった「蜂印香竄葡萄酒」が、梅雨の蒸し暑さが続いた時期に、小売店で次々に破裂するという事故を起こしたのです。これは、第一次世界大戦時に、原料ブドウ酒の輸入先を、戦火の激しいヨーロッパからアメリカに変えたことが原因でした。アメリカ産の原料ブドウ酒の殺菌が不十分であり、瓶の中で酵母が発酵し、破裂してしまったのです。「赤玉ポートワイン」も「蜂印」と同様に、アメリカ産ブドウ酒を用いていましたが、殺菌が不十分であることを信治郎が見抜き、事前に処理するよう指示していたため、同じ危機を避けることができました。折しも、第一次世界大戦により、日本への輸入事情は悪化しており、輸入品に代わって国産品に対する需要が増加している頃でした。まして、大戦中の日本は未曾有の好景気に恵まれ、洋酒そのものの売り上げも急増していたのです。「新中間層」といわれるサラリーマンが出現し、消費生活の近代化（洋風化）が進展していった時期でもありました。国内の洋酒メーカーにとって、この時期は大きなチャンスだった

大正3年頃の寿屋の従業員たち。赤玉ポートワインの人気により、組織や工場の体制が整えられ、量産が可能になった。写真左に赤玉ポートワインの木箱が見える。

のです。「蜂印香竄葡萄酒」の事故が起きたのはまさにそのようなときでした。

この事故をきっかけに、小売店で「蜂印」から「赤玉」に切り換える店が増加します。「赤玉」の売れ行きはますます上昇していったのです。大正十（一九二一）年頃には「蜂印」と売上高で互角といえる域にまで達し、世間では「東に蜂、西に赤玉」と言われる存在にまで成長しました。そして、その後、昭和初め頃になると「赤玉ポートワイン」はブドウ酒市場のトップシェアを占めるまでになりました。

株式会社寿屋へ改組

「赤玉ポートワイン」の成功によって、寿屋洋酒店の業績は順調に推移していきました。この間、信治郎は事業の成長に合わせて企業形態も改めていきます。

まず、明治四十五（一九一二）年春に、共同経営者

大正末の大阪工場（竣工は大正8年）。竣工当時、赤玉ポートワインは月5,000ダース生産されていたが、その人気は留まることをしらず、増産につぐ増産で、翌9年には2万ダースも生産されたという。

の西川定義と別れ、文字通りの「独立」を果たします。なお、西川はその後ブドウ酒を販売する西川商店を設立し、いわばライバルといえる存在になりましたが、二人の交友関係はその後も続きました。信治郎は、西川と別れたとき、店を大阪市東区住吉町に移転、同地は第二次世界大戦が終わるまで本社となりました。

また、大正二（一九一三）年二月には組織を法人に改め、資本金九〇〇〇円の合名会社寿屋洋酒店とし、翌年の大正三年二月には、資本金十万円の合資会社に改組しました。それに伴い、信治郎は代表無限責任社員に就いています。このとき本社近くには、瓶詰工場も建設し、瓶の自社生産に着手しています。

第一次世界大戦ブームもあって「赤玉ポートワイン」の売れ行きはさらに伸張します。大正八年には大阪市の港湾埋立地に築港本工場（後の大阪工場）を建設し、「赤玉」の量産体制を月産五〇〇〇ダースまでに整えました。同工場は、翌年に前年比の四倍にあたる月産

大阪工場の製品倉庫。量産体制が整えられたとはいえ、当時の運送はもっぱら人力に頼っていた。配達などは大八車で行い、大阪本社にトラックが導入されたのは昭和の14、5年頃だったという。

二万ダースを製造しています。そして、大正十年十二月になると、資本金一〇〇万円の株式会社寿屋を設立し、近代的な経営による事業体制を構築しました。信治郎は、会社の目的を「酒精、洋酒及壜ノ製造販売並ニ之レニ關連スル一切ノ事業」と定款に記しています。「蜂印香竄葡萄酒」の本拠地である東京の麹町に東京出張所を設置し、「蜂印」追い上げの体制をしっかり築いていったのです。さらに翌大正十一年には登利寿《とりす》株式会社を合併して、資本金を二〇〇万円としました。登利寿株式会社は、大正九年に信治郎が酒類の製造を目的として兵庫県尼崎市に設立した会社でした。

このように寿屋は「赤玉ポートワイン」を中心に、売れ行き、名声、規模ともに充実していきました。信治郎も、経営者として、順調に発展の一途を辿ったのです。

なお、信治郎は社員に対して、自分のことを「主人」または「大将」と呼ばせていました。しかもそのことを、昭和二（一九二七）年九月に「従来第三者との対話上に社長を指称する場合　社長又は大将などの呼称を用ひられ居り候処　爾今対内対外を問はず主人又は大将と呼ぶことに定められたく候」と社内に通達しました。さらに、この通達に「御承知の如く寿屋は株式会社の組織に有之候へども這は只形式に過ぎずして内容実質は純然たる個人商店なるを以て従業員は常に此意を体するの要之有　所謂会社気分は店是として採らざるところ」と付したのです。「株式会社になったとしてもそれはあくまで形式上のことであって、内実はまだ個人企業のままである。それゆえ会社がどんなに大きくなっても権威主義的にならず、これまで通り消費者重視という『商いの心』を忘れてはならない」ということを社内全体で確認したのです。「大将と社員が力を合わせて働くこと」が、信治郎にとっての理想であり、そのためにも親しみのある「大将」と呼ばせ、社員との距離を縮めるようにしたのです。

ところで、信治郎は明治四十一（一九〇八）年に四国の観音寺の旧士族*小崎一昌の長女クニと結婚し、同年長男吉太郎を授かります。そして大正八（一九一九）年には次男敬三も授かりました。公私にわたり充実した信治郎は、さらなる野望を抱くようになります。それが日本で初めての本格的なウイスキーの製造です。

士族
明治維新後、旧武士の家系の者に与えられた身分。

第三章　国産ウイスキーの事業化

一、国産ウイスキー製造への決意

「トリスウイスキー」の発売

ウイスキー事業への着手を前に、信治郎が手掛けた商品を見てみます。明治四十二（一九〇九）年、「赤玉」発売の二年後に「五色酒」を考案しています。これはペパーミント、キュラソー*、マラスキーノ*、チェリーブランデー、シャルトルーズ*という、青、白、赤、褐色、黄の五種類の酒をそれぞれ瓶に入れたセットで、ひとつのグラスに静かに注げば比重の関係で五色の層をなすという見た目に美しくアイデアに溢れた商品でした。明治四十四年には「ヘルメス・ウイスキー」というイミテーション・ウイスキー（混成酒）を発売したり、ブランデーやリキュール類といった各種洋酒を手掛けています。前出の発泡酒「ウイスタン」もそのひとつです。

そして大正八（一九一九）年九月に、信治郎は、ウイスキー事業に進出するきっかけ

キュラソー
オレンジのリキュール（醸造酒や蒸溜酒に果実などの風味と甘味を加えてつくられる酒）。

マラスキーノ
マラスカ種チェリーを原料としたリキュール。

シャルトルーズ
フランス産リキュール。一七六七年、シャルトルーズ修道院で製造され始め、その原料、製法は現在も同修道院の秘伝となっている。

ともなった「トリスウイスキー」を発売します。

この「トリスウイスキー」は、偶然の産物といえるものでした。以前、信治郎は、リキュール用のアルコールをブドウ酒の古樽に詰めて、倉庫の奥に置いたままにしておきました。ある時、ふとこの古樽に入れた酒のことを思い出し、飲んでみると、時間の経過でコクのあるまろやかな味わいに変わっていたのです。信治郎はこの古樽を「トリスウイスキー」と名付けてそのまま発売しますが、売れ行きは好評だったものの、「トリスウイスキー」の在庫はすぐに底をついてしまいました。

このとき信治郎は、ウイスキーは高級品であっても、いつか大衆に広く支持されるに違いないと確信します。と同時に、永年の貯蔵によって生まれた神秘的ともいえる味に、信治郎は魅了されていったのです。こうして信治郎は本格的なウイスキー製造への思いを膨らませていきました。

社内の反対と「洋酒報国」

信治郎は、ウイスキー事業への進出を社内で打ち明けます。普段は鶴の一声であった信治郎の提案も、このときばかりは異なりました。寿屋の社内が反対で声を揃えたばかりでなく、信治郎と親交のあった株式会社鈴木商店（現・味の素株式会社）の[*]二代鈴木三郎助社長も、「ウイスキーは製造を始めてから売るまで七年もかかるそうですな。そんなものつくっても、駄目ですぜ」と反対したほどでした。

ウイスキー事業は膨大な資金を要するうえに、永年の貯蔵を経てみないと品質の良し悪しはわかりません。その貯蔵には長い年月によって培われる技術と勘がものをいったのです。ましてウイスキーの醸造は、世界を見渡しても、その時までスコットランド以外の地で成功したことがありませんでした。さらには、仮にその醸造に成功したとしても、ウイスキーそのものが消費者に受け入れられるのかもわかりません。ウイスキー事業への進出は、「赤玉ポートワイン」で得た寿屋の全資産を食いつぶしかねず、周囲の「反対」は当然の考えでもあったのです。

しかし、信治郎はその決意を変えませんでした。周囲の反対を押し切り、ウイスキー事業への進出を決定します。先に述べたように、信治郎がウイスキー事業に将来性を見い出したことや、彼自身がウイスキーの魅力に取り付かれたこともありましたが、それ以上に「洋酒報国」の精神を捨てるわけにはいかなかったのです。

大正半ば頃、日本に輸入される洋酒の総額は、年間二〇〇万円にも及んでいました。信治郎は、舶来品よりも優れた洋酒をつくることによって、貴重な外貨が舶来洋酒のために海外に流出しているのを防ぎたいという思いを抱いていました。また、洋酒製造が活発になることで、原料の穀物や果実の需要が増えれば、その分日本の農業も盛んにな

二代鈴木三郎助
相模国（現・神奈川県）生まれ。実業家。明治十七（一八八四）年、初代三郎助（父）の死により家督を相続し、家業の雑穀酒類を商う傍ら、ヨードの製造に着手。その後、調味料「味の素」の製造・販売を手掛け、大正六（一九一七）年、鈴木商店（現・味の素株式会社）を設立。このほか、東信電気、千曲川電力、犀川電力、昭和肥料も創立した。慶応三（一八六七）年〜昭和六（一九三一）年。

る、とも考えていました。つまり信治郎は、洋酒事業を通じて国家国益に貢献したいという、経営ナショナリズム*の理念を有していたのです。

信治郎がいつ頃から「洋酒報国」という理念を持ったかはわかりません。しかし、青年の頃から洋酒は信治郎の憧れであり、いつかはそれを越えるものをつくりたいと考えていました。また、先述のように大量の輸入洋酒に依存する日本の現状を変えなければならないとも考えました。それゆえ「赤玉ポートワイン」の成功により、自らの地歩が固まり始めた頃から、次第に国家を思う気持ちが大きくなっていったに違いありません。

信治郎は、ウイスキー事業進出に反対する知人にも、「わしには、赤玉ポートワインという米のめしがあるよって、このウイスキーには儲からんでも金をつぎこむんや。自分の仕事が大きくなるか小さいままで終わるか、やってみんことにはわかりまへんやろ」と説きました。いくら好調な「赤玉ポートワイン」でもいつかは人気に陰りが出てくるかもしれない――。「赤玉ポートワイン」だけに頼っていてはいずれ寿屋の経営にも限界がくると感じていたのです。それゆえ、余力のあるときこそ「赤玉ポートワイン」の成功に甘んじることなく、新しい事業のチャンスを積極的に活かすべきではないかと考えたのです。

経営ナショナリズム
「国益志向的経営理念」のこと。近代日本の国家目標であった「富国」を自らの企業経営活動を通じてその達成に貢献しようとするナショナリスティックな心情。

二、山崎蒸溜所の建設

山崎の地を選ぶ

ウイスキー製造を決意した信治郎でしたが、その醸造のノウハウについてはよくわかりません。それゆえウイスキーの本場であるスコットランドから専門家を呼ぶことを考えます。このとき三井物産*に勤めている知人が、たまたまロンドンに赴任することになったのを聞き、彼に醸造技師の招聘を依頼したのです。とはいうものの、当時はウイスキーづくりの技法は門外不出と考えられており、技師の招聘は相当難しいものと思われていました。

しかし、信治郎の思いが通じたのか、半年ほど経ったときに、幸運にも知人から醸造学の権威であるムーア博士が訪日を承諾してくれたとの連絡を受けます。ただし、時期は今すぐというわけにはいかず、とりあえず工場用地の選定だけでも進めてほしいとの提案がありました。また、そこには自然環境や水質などについてのムーア博士から細かな指示が添えられていました。

信治郎はこの指示に従い、候補地を求めて全国各地を探し歩きました。そしてこれはと思える土地が見つかるたびに、その地の水をスコットランドに送り、ムーア博士に水質検査と試験醸造を依頼します。信治郎は、蒸溜所はできることなら大阪圏に近い場所

三井物産
三井物産株式会社。明治九（一八七六）年、三井家の貿易事業部門として、井上馨、益田孝らによって設立された会社を源流とする。総合商社の草分け。昭和二十二（一九四七）年、GHQ（連合国最高司令部）の財閥解体により解散するが、同三十四年、第一物産を中心に旧三井物産系の企業が再結集し大合同が成立した。

に設置しようと考えていました。かつての神戸から京都にかけては、自然に恵まれた一帯だったため、かならずウイスキーづくりに適した場所があるはずだと考えていたのです。

そして大正十二（一九二三）年の春、信治郎はウイスキー製造の地として、京都・大阪府境の山崎を選びます。山崎は、北に天王山がそびえ、南には木津川、桂川、宇治川の合流点をたずさえています。三つの川の水温は異なり、大阪平野と京都盆地に挟まれた山崎は、地形的に濃霧が発生しやすく、ウイスキーの製造に適した良質の地下水が湧き出ていました。この湧水は、ムーア博士からウイスキー製造に最適との太鼓判をもらいます。同地は、まさにウイスキーの産地である、スコットランドのローゼス峡付近の風土とよく似ていたのです。また、交通の便が良く、大消費地である大阪に近いという点も信治郎の構想に沿っていました。

竹鶴政孝の入社

信治郎が蒸溜所の候補地を探していたとき、ムーア博士から思わぬ知らせを受け取りました。「スコットランドでウイスキーを学んだ日本人がいる。今帰国しているから自分の代わりに彼を雇ったらどうか」という手紙が届いたのです。その人物の名は、竹鶴*

竹鶴政孝
広島県竹原町（現・竹原市）生まれ。実業家。大正七（一九一八）年～十年までイギリスに留学し、ウイスキー製造を学ぶ。同十二年、寿屋に入社。その後、昭和九（一九三四）年に大日本果汁（現・ニッカウヰスキー）を創立し、北海道余市にてウイスキーの製造に取り組む。昭和十五年、ニッカウヰスキーを発売。昭和二十七年に社名をニッカウヰスキーに変更した。明治二十七（一八七四）年～昭和五十四（一九七九）年。

政孝とありました。

明治二十七（一八九四）年六月に広島県竹原町（現・竹原市）の造り酒屋に生まれた竹鶴は、大阪高等工業学校（現・大阪大学）の醸造科を卒業後、大正五（一九一六）年に洋酒メーカーの摂津酒造に入社しました。摂津酒造では当時ウイスキーをつくる計画があったため、竹鶴はスコットランドのグラスゴー大学に派遣され、そこで洋酒醸造について学んだのです。竹鶴は本格的なウイスキーの製造に携わるべく、熱心にその手法を学びました。しかし、竹鶴の帰国した翌年の大正十一年に、摂津酒造のウイスキー製造計画は、第一次世界大戦後の反動不況の影響もあって立ち消えになってしまいました。それゆえ竹鶴は失意のまま同社を退社し、ムーア博士が竹鶴を信治郎に紹介したときは、中学校で化学の教鞭をとっていたのです。このとき竹鶴は二十七歳でした。

スコットランドでは、ウイスキーの技師はディスティラー（醸造蒸溜技師）とブレンダー（調合技師）に分かれていて、それぞれの役割を担っていました。ブレンダーの技術は才能、つまり自分の理想とする味を創造する能力で、人から教わるものではないのに対して、ディスティラーは基礎理論を理解して、それを応用する力があればマスターできるものでした。ムーア博士は「竹鶴は少なくともディスティレーション（醸造蒸溜）に関しては一応のところまで行っているはずである。自分が行っても結局教えられるのはディスティレーションの技だけなので、あえて竹鶴にまかせてみたらどうか。彼は日

広島県竹原町（現・竹原市）の造り酒屋
竹鶴政孝の父・竹鶴敬次郎は塩田の大地主として製塩業を営む傍ら、酒造業も行っていた。

グラスゴー大学
一四五一年創立。スコットランド最大の都市グラスゴー市にある公立名門大学。国富論のアダム・スミスが経済学・倫理学講座を担当した大学として知られ、電力単位で知られるジェームズ・ワットらを輩出している。

本人なので言葉の不自由もない」と手紙に書いていました。

信治郎は、本場の権威・ムーア博士でなく、何の実績もない、この若者に大役を任せてもいいのだろうかと不安を覚えたはずです。しかし、スコットランドまでウイスキー製造を学びにいった彼の意気込みを汲み、最終的には、山崎蒸溜所の一切を託すことにしたのです。

信治郎の誘いを受けた竹鶴も、これを快諾し、大正十二（一九二三）年六月に山崎蒸溜所の初代工場長として寿屋に入社しました。その際、信治郎はムーア博士に用意したのと同じ年俸四〇〇〇円を与えることにしました。当時の大卒の初任給（月給）が四十~五十円だったことを考えれば、かなり良い待遇でした。それだけ信治郎は彼に賭けていたといえるでしょう。なお竹鶴は後に、信治郎が始めた横浜のビール工場へ移り、そのあと寿屋を去って、昭和九（一九三四）年にニッカウヰスキー株式会社の前身である大日本果汁株式会社を設立しました。

新工場の完成

大正十二（一九二三）年十月に土地買収を終えた信治郎は、すぐに山崎蒸溜所の建設準備に取りかかりました。そして同年、大阪税務監督局長宛に「スコッチウイスキー製

信治郎の先見性をよく知る重役たちですら、ウイスキーづくりには反対したという。しかし、最後は信治郎の熱意に押し切られるかたちで、大正13年、苦難の末、山崎蒸溜所が完成し操業を開始した。

造に関する申請書」を提出し、翌年の大正十三年四月七日に日本で初めてのウイスキー製造免許を下付されたのです。

山崎蒸溜所は、スコットランドの北にあるハイランド地方のウイスキー工場をモデルにして建設されました。原料倉庫、発芽室、乾燥塔などの建物の配置や、機械の寸法、設置する場所など、竹鶴のノートをもとに再現していったのです。また、設備については当時の日本にはなかったため、業者に新たに製造してもらい、日本で入手できないものはイギリスから直接輸入しました。

このように竹鶴の加入と、留学経験の集大成ともいえるノートの存在により、工場建設は一見順調な船出を切ったように見えますが、竹鶴のノートは緻密だったとはいえ、さすがにすべてをその記載によって進めることはできません。そのため工場建設は試行錯誤の連続だったともいえます。なかでもポットスチル（蒸

国産ウイスキーの歴史はここ、山崎蒸溜所から始まった。写真中央上に、同工場のシンボル、麦芽乾燥塔が見える。

溜釜）は、設計から実際の製造まで苦難の連続でした。製造を担当した大阪の渡辺銅鉄工所で、完成するまで半年以上かかり、また、その設置にあたっては、直径三・四メートル、高さ五・一メートル、重さ二トンという巨大な装置を山崎蒸溜所に運ぶまで、蒸気船に乗せて淀川をさかのぼったり、陸揚げしてコロでもって工場に運んだりと、かなりの難事だったのです。

このように進められた新工場建設は大正十三（一九二四）年十一月十一日、着工から一年以上を費やしてついに完成します。建設費用は約二〇〇万円にものぼりましたが、完成の翌日から、竹鶴を中心にウイスキー製造が開始されました。日本初の本格的なウイスキーの製造のはじまりです。信治郎の大きな期待と、さらには寿屋の社運を賭けた、国産ウイスキー事業のはじまりでもありました。

一方で、山崎蒸溜所が完成した翌年の大正十四年、信治郎は本社社屋の拡張工事を実施し、翌大正十五年に大阪工場の醸造場を完成させました。両工場とも「赤玉ポートワイン」の製造を担いました。つまりウイスキー製造に邁進しながらも、寿屋の大黒柱「赤玉ポートワイン」においても品質改良を図り、生産体制を整備するなど、気を緩めることはなかったのです。

三、「サントリーウイスキー白札」の発売

ウイスキーの製造工程

ここで寿屋の初期のウイスキー製造工程について簡単に紹介しておきます。
まず原料である大麦を水に充分浸して発芽させ、それを乾燥塔に送ります。このときスコットランドから輸入したピート*（草炭）を用いて香りづけを行います〔製麦〕。乾燥が終わった麦芽*（モルト）の根を取り去って粉砕し、温湯と混合したうえで温度と時間を調節し、麦の澱粉を糖分に化学変化させます〔仕込〕。これに酵母を加えて発酵させ糖分をアルコールに変化させます〔発酵〕。

発酵を終えた原液を、スコッチウイスキー独特の蒸溜釜（ポットスチル）に入れて、初溜、再溜と蒸溜を重ねます。そして再溜の際に出来た中層のいい部分だけをウイスキ

ピート
湿地や沼地で水生植物やコケ類が堆積し、十分に分解されず炭化作用を受けたもの。草炭（そうたん）、泥炭（でいたん）とも呼ばれる。ウイスキー製造においては、麦芽の成長を止めるため乾燥させるが、その際、香りづけを兼ねた燃料として用いられる。ちなみに、スコットランドで造られるウイスキー（スコッチ・ウイスキー／スコッチ）は仕込みの際に、泥炭（ピート）を用いるため、独特の香りがあり、それが特徴となっている。

麦芽
麦、とくに大麦を発芽させたものをいう。ビール・水飴の製造などに用いられる。

信治郎は山崎蒸溜所に泊まり込み、原酒の改良とブレンドに没頭した。就寝の際は、枕元にメモを備え、思い付いたことがあれば床を飛び出し書き留めていたという。写真は同蒸溜所の蒸溜釜。

ー原酒に仕上げます（この段階では無色透明で、アルコール分は六五〜七〇パーセント）〔蒸溜〕。このウイスキー原酒をホワイトオークなどでつくった樽に詰めて、貯蔵庫で熟成させ〔貯蔵〕、原酒は、樽材を通してゆっくりと外気を呼吸します。また、樽材から出てくる微量成分と溶け合いながら、少しずつ琥珀色を帯び、豊かな香りを持つようになります。

前述したようにウイスキーは、この熟成の期間が長いのが特徴で、製品として使えるようになるまでは最低でも五年は要します。ウイスキーの味わいは、原酒そのものの品質や樽の種類、貯蔵する場所や蒸溜所の気候風土、そして熟成年数が大きく関わっているのです。

さらに、製品として売り出されるまでには、この後に〔ブレンド（調合）〕と〔後熟〕の二つの過程が残されています。ブレンドには、モルトウイスキー原酒同士を調合する「ヴァッティング」*と、モルトと大麦

山崎蒸溜所が国産初のウイスキーを出荷するのは昭和4年のこと（後述）。建設から6年もの歳月が流れていた。上は、山崎蒸溜所での瓶詰め、ラベル貼り作業の様子。

以外の穀物を主原料とするグレーン*原酒を混ぜ合わせる「ブレンド」があります。なお「ヴァッティング」によって出来たものを「モルトウイスキー」、「ブレンド」して出来たものを「ブレンデッドウイスキー*」といいます。

「ブレンド」は個性の異なる原酒同士の長所を伸ばして、短所を打ち消していく方向で調合する過程です。それゆえブレンダーは、原酒の違いを一つひとつ利き分けたうえで、それぞれが熟成の頂点に達した時点で選び出し、最上のものになるように調合していかなければなりません。そしてモルトウイスキー原酒に、グレーン原酒を混ぜ合わせることで、まろやかで飲みやすいブレンデッドウイスキーが生み出されるのです。この「ヴァッティング」「ブレンド」という作業は、ひと樽ごとに味わいの異なるウイスキー原酒の個性を活かしながら、新たな味をつくりだす創造性が求められるのです。

その後、〔後熟〕が行われます。これはブレンドの済んだウイスキーを、さらにもう一度樽に入れて、味をなじませる工程にあたり、これを終えてようやく商品として出荷されるのです。

モルトウイスキー
大麦麦芽（モルト）のみを原料とするウイスキー。

グレーンウイスキー
トウモロコシ、ライ麦などを原料とするウイスキー。

ブレンデッドウイスキー
モルトウイスキーとグレーンウイスキーをブレンドしたウイスキー。

サントリーと命名

寿屋の行く末を賭けたウイスキー製造は始まりましたが、先に見たように、ウイスキーの製造には、麦芽製造から製品として売り出されるまで、長い時間を必要としています。寿屋では、大正十三（一九二四）年から昭和四（一九二九）年まで製造しては貯蔵するという仕事を繰り返すことになり、ウイスキーでの売り上げはありませんでした。そのため深刻な資金不足に悩まされるようになります。「赤玉ポートワイン」の売れ行きが順調だったことが救いでしたが、二〇〇万円を超える莫大な建設費用に加え、ウイスキーの醸造が食いつぶす費用は、寿屋に想像以上に重くのしかかりました。

さらに、出来上がったウイスキー原酒は、信治郎が期待した品質には遠く及びませんでした。山崎という、スコットランド・ローゼス峡付近によく似た環境で、かつスコットランドの製法をそのまま輸入して製造したにもかかわらず、なぜかうまくいかなかったのです。そこで信治郎は、ウイスキー製造の秘訣を探るべく、各方面の識者に教えを乞い、竹鶴を再びスコットランドに派遣するなど事態打開に努めます。

またこの頃、信治郎は酒税という別の問題も抱えていました。当時の酒税は造石税で、蒸溜を終えた段階、つまりウイスキー原酒の段階で課税されるものでした。前述のように原酒が出来たからとはいえ、すぐに商品にはなりません。それから長きにわたって貯蔵しなければならず、さらに原酒は、その間に少しずつ蒸発して減っていくのです。それゆえ、信治郎は、税金は貯蔵が終わった後にかけるべきである、つまり、庫出税であるべきだと、大阪の税務監督局に何度も赴いて主張したのです。信治郎は、もともと自分が正しいと思ったらあとには引かない性格だったため、信治郎と税務局との闘いは、日々続けられました。

ともあれ信治郎は、昼夜を問わずブレンドを繰り返していきました。祭原商店などに見本を持参しては、意見を求め、改良点を見つけてはそれを持ち帰って新たにブレンドをしなおすという試行錯誤を続けます。祭原商店に持ち込んだサンプルは数え切れないほどで、その苦労は並大抵のものではありませんでした。

その苦心の末に、信治郎はようやく自らが納得できる味を見つけることができます。そして信治郎は、この製品に「サントリー」と名付けました。「サントリー」の名称は、「赤玉ポートワイン」の商標「赤玉」を象徴する太陽（サン）と自分の名前（トリイ）を結び付けたものです。「赤玉ポートワイン」が順調に売れていたからこそウイスキー製造ができたということで、その感謝の意味を込めたネーミングでもありました。

「サントリーウイスキー白札」の評判

国産初の本格的ウイスキーである「サントリーウイスキー白札」（大瓶・七二〇ミリ

満を持して発売された、正統なスコッチ製法による本格国産ウイスキー第1号「サントリーウイスキー白札」。

ジョニーウォーカー　スコットランド・キルマーノックで製造されるスコッチ（スコットランド・ウイスキー）の世界的銘柄。

片岡敏郎による軽妙洒脱なコピーが印象的なサントリーウイスキー白札の新聞広告（昭和7年）。

リットル）は、昭和四（一九二九）年四月一日に発売されます。五年もので、販売価格は輸入洋酒のジョニーウォーカー*赤の一本五円に対し四円五〇銭と五〇銭ほど安く設定しました。新聞に出した発売広告のキャッチコピーには「断じて舶来を要せず」という、信治郎の「洋酒報国」の精神が載せられています。そして、その翌年の昭和五年四月一日にはポケット瓶（一八〇ミリリットル）を、次いで五月一日には「サントリーウイスキー赤札」（大瓶）も矢継ぎ早に発売しました。

しかし、苦労の末につくりあげた「サントリーウイスキー白札」の評判は厳しいものでした。モルトを乾燥する際、ピートを焚くことで起こる「焦げ臭さ」が受け入れられなかったのです。このときウイスキーがすでに日本に根付いた酒であれば、風味の強い商品として受け入れられていたかもしれません。しかし、ウイスキーという製品自体がなじんでいなかった日本市場に、それを受け入れる土壌は用意されていなかったのです。

「サントリーウイスキー白札」の思わぬつまずきにより、寿屋の経営はいっそう悪化してしまいます。昭和六（一九三一）年には、原酒の仕込みさえ、断念せざるを得ない状況に陥ってしまいました。信治郎は、状況を打破しようと、昭和七年十月一日に十年貯蔵の「サントリーウイスキー特角」（七四〇ミリリットル）を五円五〇銭で発売しますが、「白札」同様、売れ行きは芳しくありませんでした。

四、多角化戦略とその挫折

練り歯磨き「スモカ」の製造

ウイスキー製造と時を同じくして、信治郎は経営の多角化にも着手していました。既に言及したように、寿屋洋酒店設立以降、「赤玉ポートワイン」のほかにも「五色酒」や「ヘルメス・ウイスキー」を製造していましたが、それだけではなく、酒以外の製品も手掛けていたのです。

ここに信治郎が手掛けた事業を、時系列に沿って見てみます。

・大正十三（一九二四）年、レモンティーとシロップからつくった飲料「レチラップ」を販売しました。今日のインスタント紅茶の原型で、湯を注ぐと紅茶になるものでした。

・大正十五年七月、喫煙家用の半練り歯磨「スモカ」を製造・販売しました。この頃は日本国内に半練りの歯磨き粉がなく、従来の粉歯磨きが乾燥していて散りやすいため、その欠点を補ったものでした。歯についたタバコのヤニの汚れをも落とすというのが大きな特長で、「愛煙家向け」というターゲットを絞ったキャッチフレーズがかえって奏功し、市場の反応は上々でした。この「スモカ」を企画したのは、先にあげた片岡敏郎でした。それゆえ、その宣伝にも片岡自身が辣腕をふるってユニークなものを打ち出し、世間の注目を集めました。販売方法も工夫して、タバコの販売ルートを通して、全国のタバコ屋を対象にしました。売れ行きも好調だったので、寿屋にはスモカ部が新設されています。

・昭和三（一九二八）年、調味料「トリス・ソース」を発売しました。信治郎自ら味と香りにこだわってつくったソースでした。

・昭和三年、調味料「山崎醤油」を発売します。ウイスキーの仕込みに用いた糖化粕を再利用するかたちで製造されたものでした。

・昭和四年、同三年十二月に日英醸造株式会社のビール工場を買収し、ビール事業に着手します。昭和四年四月、「新カスケードビール」を発売し、翌年五月には「オラガビール」と改名しました。
・昭和五（一九三〇）年、「トリス・カレー」を発売しました。カレースパイスの混合技術を習得した社員がいたため、その技術を活かそうと始めました。その際、大阪工場内にカレー粉や胡椒などの香辛料の製造、販売を担当する専門部署として、加味品部を設置しました。
・昭和六年、大阪工場に「紅茶部」を設けて、台湾紅茶を原料にして「トリス紅茶」を製造しました。
・昭和七年六月、濃縮リンゴジュース「コーリン」を発売します。「凍る」と「リンゴ」を合わせたユニーク*なネーミングでした。

このように信治郎が手掛けた事業は多岐にわたります。これらの多角経営は、信治郎の旺盛な事業欲もありましたが、それ以上にウイスキー製造の莫大な費用を賄うため、経営を少しでも安定させたいという信治郎の思いがあったともいえるでしょう。

ビール事業へ挑戦

多角化におけるビール事業について、もう少し詳しく述べておきます。

信治郎は「サントリーウイスキー白札」の発売四カ月前の昭和三（一九二八）年十二

ユニークなネーミング

信治郎は、広告と同様にネーミングにも力を入れた。「スモカ」は「スモーカー」からつけられ、「レチラップ」はレモン、ティー、シロップを短縮したもの、前述の「ウイスタン」はウイスキーと炭酸を合わせている。いずれもわかりやすく、一度聞けば忘れられないネーミングであり、信治郎のセンスが存分に発揮されているといえる。

大日本麦酒

明治三十九（一九〇六）年、札幌麦酒（サッポロビールを製造）、日本麦酒（恵比寿ビールを製造）、大阪麦酒（アサヒビールを製造）の三社が合併して設立されたビール会社。第二次世界大戦前は、麒麟麦酒を大きく引き離してのトップシェアを誇ったが、戦後の占領政策のもと日本麦酒（現・サッポロビール）と朝日麦酒（現・アサヒビール）に分割された。

月に、横浜市鶴見区にある日英醸造株式会社を買収しました。同社は、「カスケードビール」という名のビールを製造販売していましたが、関東大震災と昭和初年の不況の影響もあって経営は破綻してしまいます。それを信治郎が引き継いだのです。商品化するまで時間がかかるウイスキーにくらべて、ビールは短期間で成果を出せる商品です。ウイスキーでの負担を少しでも軽くしようと目論んでのことでした。寿屋ではこのビール工場を横浜工場とし、工場長には竹鶴が就任しました。

当時のビール業界は、大日本麦酒株式会社*、麒麟麦酒株式会社、日本麦酒鉱泉株式会社*が市場の九〇パーセント以上を占めていました。そして昭和三年に、三社は乱売防止を目的とした生産・販売に関する協定を結びます。ビール会社は、大正末までビール需要の拡大に合わせて経営規模を拡大し続けてきましたが、昭和二年の不況*により需要が減退したため、設備過剰の状態に陥っていました。そのため、少しでも売り上げを増やそうと、中小の業者を中心に乱売が行われ、価格競争に突入したのです。これにより、各社の経営は圧迫され、業界にとっても大きな問題になっていました。それゆえ先のように大手三社が中心となり協定を結んだのです。

信治郎は、こうした状況において寡占化、カルテル化した既存勢力にあえて勝負を挑んだことになります。信治郎がとった戦略は、協定に加わっていない立場を利用するもので、価格の安さを前面に打ち出すことでした。昭和四年四月には「新カスケードビール」を発売し、その販売価格は、他社の大瓶一本三三銭に対して、さらに安い二九銭としました。そして、翌年（一九三〇年）五月には「新カスケードビール」を改称し「オラガビール」を発売しています。「オラガ」という名称は、当時の総理大臣、政友会総裁・田中義一の口癖だった「おらが国は…」の「おらが」を用いたもので、この「オラガビール」も価格を二七銭とし、さらにその後、二五銭にまで値引きして猛烈な販売攻勢をかけています。

このように奇抜なネーミングと価格の安さは、市場で大きな旋風を引き起こしましたが、協定で結ばれた上位三社の牙城を取り崩すまでには至らず、シェアそのものは三パーセント前後と悪戦苦闘が続きます。さらに当時、業界では自社瓶制が採られていましたが、信治郎は手間とコストの軽減を狙い、他社の古瓶を使用することにします。しかし、これが商標権の侵害として裁判で争いになり、信治郎の主張は退けられたため、他社の瓶が使えなくなってしまいます。

信治郎にとって、さらに追い討ちをかける出来事が起こりました。ビール業界では、昭和五年前後に経営状態の悪い日本麦酒鉱泉と桜麦酒が協定から脱退し、独自の方針で製造・販売を行なうことになりました。これにより、業界全体に再び価格競争が起こり、市場は混迷を極め、昭和八年には大日本麦酒が日本麦酒鉱泉を合併し、麒麟麦酒と共同販売会社を設立するなど、業界再編の動きへと加速しました。こうしたなかで、信治郎

日本麦酒鉱泉
明治二十（一八八七）年に設立された丸三麦酒醸造所（丸三ビールを発売）を前身とし、同三十九年には根津嘉一郎（万延元（一八六〇）年～昭和十五（一九四〇）年）に譲渡され、日本第一麦酒に社名変更。さらに、明治四十一年加富登麦酒となり、大正十（一九二一）年、日本製壜（大正六年創業）と三ツ矢サイダーを製造・販売する帝国鉱泉（明治四十年創業）を合併、日本麦酒鉱泉と社名を改めた。「ユニオンビール」の製造・販売などを行い、昭和八年、大日本麦酒と合併。

昭和二年の不況
一九二七年三月、蔵相片岡直温の失言をきっかけに発生した金融恐慌。

横浜市鶴見区の寿屋横浜工場。ビール業界に果敢に挑んだが、結局失敗に終った。しかし、信治郎は「いつかきっと…」と思ったのか「オラガ」の商標は手放さなかった。

もこの状況下においては生き残れないと判断し、ビール業界からの撤退を決意します。昭和九年一月、ビール事業を分離し、大日本麦酒に工場を売却しました。

多角化の挫折と事業の再編成

ビール事業の撤退と前後して、信治郎はその他の事業も次々に整理・縮小していきました。例えば、昭和七（一九三二）年に新製品のなかでも順調に売り上げを記録し、唯一採算ベースに乗っていた「スモカ」の製造販売権を、寿毛加社の藤野勝太郎に売却しています。昭和九年には大阪工場の加味品部の製造販売権を、実兄喜蔵の経営する鳥井商店に譲渡しました。

そして信治郎は、寿屋の本業である洋酒、なかでもブドウ酒とウイスキーの製造に改めて重点を置く決意をしたのです。具体的には、ウイスキー事業を温存しつつ、これまでの主力製品であった「赤玉ポートワイ

甲府盆地を見下ろす登美高原の山梨農場（現・サントリー登美の丘ワイナリー）。信治郎は、当時経営に行き詰まり荒廃していた同ブドウ園に手を加え、日本最大規模のブドウ園に整えた。

ン」製造のさらなる充実を目指したのです。

信治郎は、昭和九（一九三四）年六月、川上善兵衛[*]が明治二十三（一八九〇）年に開設した岩の原葡萄園（新潟県高田市。現・上越市）の復興計画に全面協力する形で経営を引き受け、本格的なブドウ栽培に乗り出しました。目的はブドウ酒に適したブドウを、国内で確保するためでした。また、戦時体制に入りつつあることで、海外からの原料入手が困難になると予想されたという事情もありました。そもそもブドウ栽培を始めたきっかけは、日本の醸造学の権威である東京大学農学部の坂口謹一郎[*]博士から「本気で葡萄酒製造を目指すなら葡萄づくりからはじめることです」という助言でした。昭和十一年十月にも坂口博士の協力を得て、山梨県北巨摩郡登美村に山梨農場を開設し、ブドウ栽培及びブドウ酒の醸造を開始しています（現・サントリー登美の丘ワイナリー）。

また、ブドウ酒栽培に着手する一方で、昭和九年十

山梨農場の作業場と事務所。同ブドウ園は、サントリー登美の丘ワイナリーと名を変え現在に至る。同ワイナリーではヨーロッパ系高級ワイン用品種を中心に醸造用ブドウが栽培されている。

月に大阪府南河内郡道明寺村（現・藤井寺市）に道明寺工場を新設し、ブドウ酒の増産と合わせて、果汁の製造を開始します。さらには、長野、宮城、岡山、広島などブドウの産地に醸造工場を次々に設置して、「赤玉ポートワイン」の生産体制を整備していったのです。

五、「サントリーウイスキー角瓶」の成功

信治郎の執念

信治郎はどこへ行くときもポケット瓶のウイスキーを持ち歩き、さまざまな人に試飲してもらいました。また飲食店・酒場の経営者、バーテンダー、販売店の店主、新聞関係者、金融機関、そして同業者などを山崎蒸溜所に招待して、意見を求めます。ときには、電車で移動中、たまたま居合わせた人に飲んでもらって

感想を聞くこともありました。

寿屋の取引先である國分商店の國分勘兵衛社長は、このときの信治郎について次のように述懐しています。

「鳥井さんは苦労されましたなあ。サントリーウイスキーを売り出してもなかなか売れ行きが伸びないものだから、大将（注：信治郎のこと）は一生懸命でしたね。宴会のときなど、かならず、お座敷へサントリーウイスキーを持っていって、みんなに注いでまわり、宣伝していましたよ。お客は率直だから、こんなもの売れるもんかなどと文句をいう。鳥井さんは、じっと我慢して聞いている。次にはまたブレンドの研究を積んで持ってくるというふうでした」。

信治郎は、決してウイスキー事業を諦めませんでした。考え方によっては、この段階で、金ばかりかかるうえに、品質のままならないウイスキー事業は手放したほうが、寿屋の経営はうまくいったのかもしれません。しかしながら、信治郎はいつかかならずウイスキー事業が成功すると信じて、ときには山崎蒸溜所に数日間泊り込んでまで、ウイスキー原酒の改良に努めたのです。「モノいわぬ原酒と会話ができるようにならないと一人前のブレンダーとはいえぬ」、このときの信治郎の口癖でした。

「サントリーウイスキー角瓶」の発売

川上善兵衛
越後（現・新潟県）生まれ。園芸家。明治二十三（一八九〇）年、父と親交のあった勝海舟の進言により、ブドウ栽培とワインの醸造を決意し、川上家所有の山を開墾し「岩の原葡萄園」を開く。日本で初めてブドウの品種改良にも取り組み、「日本のワインの父」といわれる。明治元（一八六八）年〜昭和十九（一九四四）年。

坂口謹一郎
新潟県高田（現・上越市）生まれ。農芸化学者。東京帝国大学農学部農芸化学科卒業。同大学助教授、教授を経て、名誉教授に。優れた歌人としても知られる。明治三十（一八九七）年〜平成六（一九九四）年。

信治郎らの不断の努力が実り、山崎蒸溜所の原酒は、質の良いものが次第に熟成され始めました。原酒が良くなればなるほど、信治郎のブレンドもますます冴えをみせていきます。

昭和十二（一九三七）年十月には、一二年もの「サントリーウイスキー角瓶」（七三〇ミリリットル）を八円で発売します。信治郎はこのウイスキーには相当の自信をもっていました。じっくり熟成された原酒のうまみと、信治郎のブレンドの才能、そして、これまでの努力がまさに結集した出来栄えで、初めて日本人の嗜好に合うウイスキーといえるものでした。また、洗練された亀甲切子の角瓶も人目を引き、商品としての魅力を一層引き立てていました。

サントリーウイスキー角瓶。信治郎の努力が結実し、初めて日本人の嗜好に合うウイスキーが完成した。

この商品は好評を博します。昭和十二年開戦の日中*戦争における戦時体制への移行により、スコッチウイスキーの輸入が制限されたことも、「サントリーウイスキー」の売り上げ増加に大きく貢献しました。大正十三（一九二四）年十一月に、ウイスキーの製造を開始してから、一三年目を経て、ようやく信治郎の努力

日中戦争
昭和十二（一九三七）年七月に起きた蘆溝橋事件がきっかけとなり、日本と中国との間で行われた戦争。当初日本政府は支那事変と呼び、宣戦布告をしなかったが、戦線は中国全土に拡大した。その後、太平洋戦争に発展。その過程で、日本国内では国家総動員法制定（昭和十三年）などにより、戦時体制が確立されていった。昭和二十八年八月、日本がポツダム宣言を受諾し、無条件降伏して終結した。

は結実したのです。

「サントリーバー」の開店

好調の陰には巧みな販売戦略もありました。信治郎は「サントリーウイスキー角瓶」をさらに多くの人たちに飲んでもらおうと、昭和十三（一九三八）年五月に大阪・梅田の地下街に寿屋直営の「サントリーバー」一号店を開店します。バー設置の目的は、PRだけでなく、ウイスキーの味とその正しい飲み方を伝えることにもありました。この時期は、日本の好景気を背景に、都市部に多くのバーがみられるようになり、寿屋にもバーを始めたいとの開業の相談が寄せられたのです。そのため、信治郎は、昭和十四年に「カクテル相談室」を社内に設けて、これに応じました。

また、問屋や小売店に対しては、昭和十三年六月にダイレクト・メール『繁昌《はんじょう》』（昭和十四年に『発展』と改題）の発刊・配布を始めました。さらに、一般消費者向けには、洋酒知識の普及のため、昭和十四年に『カクテル・ブック』を作成し、配布しました。

これらの販売促進により「サントリーウイスキー角瓶」の売り上げはますます伸張し、発売して三年後には売れ過ぎて困るほどになりました。原酒を長い時間寝かせなければウイスキーにはなりませんから、品切れすると販売店や消費者にかえって迷惑をかける

大阪・梅田にオープンした直営のバー。当時、バーは人気を集め、昭和10年前後の4、5年間は、戦前におけるバー最盛期だった。

ことになります。角瓶の人気で、サントリーウイスキー総生産高は、昭和十四年で二〇四キロリットル、翌十五年には二九一リットル、十八年には六五〇キロリットル、十九年には七七一キロリットルと増加しています。

苦労して立ち上げたウイスキー事業でしたが、こうして信治郎は、ついに日本の洋酒国産化への道を切り開くことに成功したのです。

戦時下の苦難

しかし、時代はまさに太平洋戦争勃発の前夜で、昭和十五（一九四〇）年七月には「*奢侈品等製造販売制限規則」が公布されるなど、洋酒類も戦時統制下に組み込まれていきました。寿屋では同年十一月に「オールドサントリー黒丸」（後にダルマの愛称で親しまれる「サントリーオールド」）を完成させましたが、発

奢侈品等製造販売制限規則
戦争の遂行や軍需生産拡大に直接寄与しない奢侈品の製造・販売を禁止した勅令。昭和十五（一九四〇）年七月七日に施行したことから、「七・七禁令」とも呼ばれる。

スラバヤ
ジャワ島北東部の港湾都市。首都ジャカルタに次ぐインドネシア第二の都市。東ジャワ州の州都。

売を見合さざるを得ませんでした。昭和十六（一九四一）年十二月に太平洋戦争が始まると、サントリーバーをはじめ、全国にあるバーはほとんど閉店を余儀なくされてしまいます。それに合わせて「カクテル相談室」も閉鎖されることになりました。

なお昭和十五年九月には、副社長として寿屋を支えてきた信治郎の長男吉太郎が、心筋梗塞のため三十三歳の若さで急逝してしまいます。後を継がせたいと思っていただけに、信治郎にとっては大きなショックでした。

戦争が進んでいき、企業に対する統制が強化されるにつれて、寿屋の企業経営も厳しい舵取りを迫られるようになります。まず、海軍の命令により昭和十八年六月に沖縄・那覇市郊外に航空燃料となるブタノールやエタノールを製造する工場を建設することになり、翌年一月には、インドネシアジャワ島スラバヤ*に同様の工場を建設し、社員数名を派遣しました。さらに、昭和十九年四月には、軍需会社に指定され、大阪工場がブタノール製造のための海軍指定工場になりました。

一方、「サントリーウイスキー」などが、軍納品に指定され、一般向けよりも海軍に納入される比率が高くなりました。このとき、海軍には「イカリ印」と名付けられた特製ウイスキーを納入しました。一方で、海軍から原料大麦の入手や仕込み時の労働力の便宜を受けたこともありました。

しかしながら、戦況が悪化すると、寿屋のどの工場も原料を入手しにくくなります。

「ダルマ」や「タヌキ」などの愛称で人々に親しまれたオールド黒丸。写真は昭和25年発売時のもの。

そして、終戦直前の二度にわたる空襲で、本社社屋と大阪工場は壊滅的な打撃を被ります。また沖縄工場も焼失してしまいました。

このように、大戦中の寿屋の経営は、「サントリーウイスキー」の成功も束の間、戦争に翻弄されるかたちとなり、信治郎にとって、苦難の時期だったのです。

第四章　国産洋酒のパイオニア

一、「洋酒ブーム」を創造

GHQへウイスキーを売り込む

昭和二十（一九四五）年八月十五日、日本は終戦を迎えました。寿屋は大きな被害を受けましたが、幸いにも山崎蒸溜所は戦災を免れることができました。そして、何よりも峡谷の穴蔵に退避させていたウイスキー原酒がみな無事だったことが救いでした。

信治郎はこの原酒をもって、新大阪ホテルに駐留していたGHQ*（連合国軍最高司令官総司令部）を相手に、ウイスキーを売り込もうと決断します。なぜなら、GHQから原酒を放出せよという命令が下されることを恐れたのです。また、日本全体が食糧難に陥り、原料となる大麦の入手が大変困難な状況でもありました。信治郎は、GHQと直接取引することで、確かな販売先を確保し、さらには、その関係を武器に、少しでも原料を入手しやすい状態にしておくべきではないかと考えたのです。信治郎は、このとき

GHQ（連合国軍最高司令官総司令部）
ポツダム宣言の執行のために設置された連合国軍の管理機関。アメリカの太平洋陸軍司令官マッカーサーが連合国軍最高司令官に就任した。昭和二十（一九四五）年十月二日、総司令部が開設され、昭和二十七年、講和条約により廃止される。

昭和24年、配給制度が廃止され、自由販売への移行を機に掲載された戦後初の新聞広告。

六十六歳と還暦を過ぎていましたが、衰えるどころか、事業にかける熱意に満ち溢れていました。

信治郎が何度もＧＨＱと直接交渉した結果、同年の十月に、ＧＨＱから正式に「ウイスキーを納入せよ」という指令が届きます。寿屋では、まだ大阪工場の再建に取りかかったばかりで、生産体制はままなりませんでしたが、このオーダーを生命線と考え、懸命の生産を行います。そして、これが将校向けウイスキー「レアオールド」と、兵士用の「ブルーリボン」納入につながりました。また、ＧＨＱだけでなく一般向けにも、昭和二十一年四月に「トリスウイスキー」（大瓶）を発売します。激しいインフレのなかで原料確保に困難を極めたり、酒税が大幅に引き上げられて利益が少なくなったりするなど、苦労は絶えませんでしたが、寿屋のウイスキーの評判は上々で、売り上げは着実に増加していきました。

昭和二十四（一九四九）年六月になると、配給統制に終止符が打たれ、自由販売が復活します。信治郎は、同年十月九日に、戦時中に中断していた新聞広告を再開しました。その広告は「キット御気に召します！」という文字の横に、「サントリーウイスキー」「トリスウイスキー」「赤玉ポートワイン」の三つの商品名とイラストを掲載していました。「トリスウイスキー」には「安くてウマい！」というキャッチフレーズが記されていましたが（翌年に「うまい　やすい」に変更）、信治郎はもっと多くの人たちにウイスキーを楽しんでもらいたいと考え、「ウイスキーの大衆化」を目指したのです。

昭和二十五年四月には「サントリーオールド」（黒丸）の発売も開始します。そして、寿屋の呼称を「洋酒の寿屋」にし、商品には「寿屋の洋酒」と明示することを決定します。「洋酒＝寿屋」をアピールすることで、同社がこれからも「国産洋酒のパイオニア」でありたいという願いが込められていたのです。

『洋酒天国』の発刊

「トリスウイスキー」の人気を大きく後押ししたものに、トリスバーの存在が挙げられます。信治郎の次男で後に社長を務める佐治敬三は、『私の履歴書』のなかで、次のように述べています。

「昭和二十五（一九五〇）年のこと、東京池袋の久間瀬巳之助さんから一つの貴重なご提案をいただいた。『私はスタンドバーをやりたい。しかもトリスハイボール一本、おつまみも塩まめだけ、均一価格七十円』という画期的な試みであった。ウイスキーを純粋に楽しんでいただく、当時の日本にはなかった素晴らしい発想であった。早速『もろ手をあげて賛成です。どんなお手伝いでもいたしますから』。これが戦後史を飾るト

山崎隆夫
大阪府生まれ。三和銀行（現・三菱東京ＵＦＪ銀行）に勤務しながら、洋画家・林重義の下で学び、制作を行う。銀行で宣伝を担当する一方で、昭和二十九（一九五四）年、敬三にアートディレクターとして寿屋に招かれる。信治郎の長男・吉太郎とは旧制神戸高等商業学校（現・神戸大学）の同級生だった。明治三十八（一九〇五）年〜平成三（一九九一）年。

リス時代の幕開けだったのです」。

それまでのバーは、暗くて危険で、ときには不当に高い金をとるという印象を持たれていました。そのため値段が安く、会社帰りのサラリーマンが立ち寄って一杯飲んでいくという気軽さを売りにしたトリスバーは、たちまち全国に増えていきました。そして、トリスバーで洋酒の味を覚えた人たちが、それを今度は家庭に持ち込んだのです。先述の「うまい　やすい」という広告宣伝や、こうしたバーの普及によって、洋酒の大衆化が急速に進展していきました。いわゆる「第一次洋酒ブーム」の始まりでした。この間、昭和二十六年に民間ラジオ放送が、昭和二十八年にテレビ放送がそれぞれ開始され、信治郎にとっては未経験の媒体でしたが、社内の若者のセンスを生かして積極的な広告展開を仕掛けます。

これにより「トリスウイスキー」などは好調に推移し、寿屋は飛躍的に発展していきました。トリス・バーも全国に広がり、寿屋にはトリスバー開店のための相談が連日殺到するなど大反響でした。また、全国各地で酒屋の従業員や家庭の主婦などを対象に「カクテル教室」を開催し、カクテルの作り方や飲み方などを教えていったのです。

そして、昭和三十一（一九五六）年四月、寿屋の宣伝部はトリスバー向けのＰＲ誌『洋酒天国』を発刊します。中心となったのは、山崎隆夫*、開高健*《かいこうたけし》、山口瞳*、柳原良平*といった才能溢れるメンバーでした。『洋酒天国』は、あえて宣伝色を出さず、文化的

開高健
大阪府生まれ。小説家。昭和二十九（一九五四）年、寿屋宣伝部に入社。『洋酒天国』や、トリスの「人間らしくやりたいナ」などのキャッチコピーを手掛けた。昭和三十三年、『裸の王様』で芥川賞を受賞し、以後、執筆業に専念した。昭和五（一九三〇）年〜平成元（一九八九）年。

山口瞳
東京都生まれ。小説家、随筆家。昭和三十三（一九五八）年、寿屋に入社。「トリスを飲んでHawaiiへ行こう！」のコピーが有名。昭和三十八年、『江分利満氏の優雅な生活』で直木賞を受賞。昭和元（一九二六）年〜平成七（一九九五）年。

片岡、井上らをサントリー宣伝部の第一次黄金期とすれば、山崎隆夫、開高健らが所属した当時は第二次黄金時代といえる。『洋酒天国（写真／現在は休刊）』は宣伝の枠を超えた編集で人気を集めた。

で知的な遊びを提供する洒落た編集により、洋酒ファンだけでなく多くの人たちに愛読されました。読むのを目的でバーに通う人までいたといわれています。発行部数も、当初は二万部でしたが、最盛期には二〇万部を突破しました。さらに昭和三十三年の第一一回広告電通賞ではＤＭ（ダイレクト・メール）賞を受賞し、文字通り広告史に残る優れた広告となりました。

寿屋のこうした積極的な広告への取り組みは、洋酒という日本人には馴染みの薄い商品を周知させるために必要なものだったとはいえ、もともとは信治郎が広告宣伝活動に熱心だったことから始まります。それは、いつしか同社の伝統といえるものに昇華され、先に述べたような時代を象徴する広告活動へと結実したのです。これらは、洋酒の洗練されたイメージを日本人に与えただけでなく、同社のイメージ向上にも大いに役立ちました。

信治郎はよい酒をつくるために多大なリスクと苦労

を重ねてきました。その結果、多くの人々に支持される良質な洋酒を世に出すことに成功します。ただし、それと同時に、こうした宣伝活動への取り組みがあったからこそ、その成功はひと回りもふた回りも大きなものになったことは明記しておかなければなりません。

二、鳥井信治郎から佐治敬三へ

ビール事業への再挑戦

昭和三十六（一九六一）年五月三十日、信治郎は八十二歳のときに会長に就任し、次男の佐治《さじ》敬三《けいぞう》に社長の職を委ねました。

敬三は、大正八（一九一九）年十一月一日に生まれ、昭和七年の春、十二歳のときに母方の親戚筋にあたる佐治家の養子になり、佐治敬三と名乗るようになりました。その後、昭和十五年に大阪帝国大学（現・大阪大学）理学部に入学し、卒業後は神奈川県大船市にある海軍燃料廠に技術将校として終戦まで勤務します。終戦を迎えると、寿屋に入社し、昭和二十四年十一月には専務に就き、信治郎の片腕として働いてきました。そして、四十二歳のときに社長に就任します。

柳原良平
東京都生まれ。イラストレーター。昭和二十九（一九五四）年、寿屋宣伝部に入社。広告史に残る名キャラクター「アンクル・トリス」の生みの親として知られる。昭和三十四年、同キャラクターで総合広告電通賞を受賞。同年寿屋を退社。同三十九年、敬三（当時寿屋専務取締役）、同宣伝部部長・山崎隆夫の出資によって開高健、坂根進らと共に広告代理店「サン・アド」を設立した。昭和六（一九三一）年〜。

信治郎は戦後にもビール事業への再参入を検討していた。敬三は父の果たせなかった意思を継ぎ、ビール大手の牙城に果敢に挑んだ（写真は入社時の敬三）。

敬三は、寿屋の将来の発展のために、信治郎が一度見切りをつけたビール事業への進出を決定します。当時のビール業界は、市場が急拡大していたとはいえ、麒麟麦酒、朝日麦酒、日本麦酒（現・サッポロビール）の寡占状態にあり、すでに新規参入していた焼酎メーカー・宝酒造株式会社も、その三社の寡占化に苦戦していました。にもかかわらず、敬三はビール業界への進出を決断したのです。そこには、敬三の「社員にカツを入れて、社内の空気をピンと緊張させるためにも、最難関のビール事業にあえて挑戦しよう」という考えがありました。当時の寿屋は、第一次洋酒ブームのさなかにあって、経営は順風そのものでした。「何もしなくても商品が売れる」という安易な空気が社内に生まれるのを敬三は恐れたのです。

また、このとき敬三は信治郎のもとを訪れ、ビール事業に進出するつもりであることを打ち明けています。すると信治郎は、しばらく考え込んだあと「やってみなはれ」とつぶやきました。自ら一度失敗した事業への再参入、しかも、寡占化された市況は信治郎が参入した時期と重なります。素直に考えるなら敬三の意向に異を唱えるのが筋だともいえます。しかし、信治郎の結論は違いました。敬三がビール事業に賭けるというならば、その思いを汲んでやるべきだと考えたのです。信治郎は、敬三に、ウイスキー事業に進出したときの自分の姿を見たのかもしれません。

サントリービールの発売広告（昭和38年4月27日）。

敬三は、昭和三十八（一九六三）年三月に社名を「サントリー株式会社」に変更しました。ビール事業に進出し、総合酒類メーカーになるうえでの決意の表れでした。つまり、これを機に商品と企業イメージを統一することが望ましいと判断し、会社のロゴマークも一新したのです。そして、同年四月に「サントリービール」を発売し、ビール市場に挑んだのです。

ビール事業の最初の数年は、先発

三社の壁が厚く、苦難の連続でした。「ウイスキーくさい」「水っぽい」などという中傷を受けたこともありました。しかし、昭和四十二年四月に発売した「サントリービール〈純生〉」のヒットにより、ビール自体の経営は軌道に乗り、ひとまずの成功を見ます。

鳥井信治郎の死

しかし、信治郎はサントリーの新たな船出を見届けることなくこの世を去ります。敬三に社長を譲った翌年の昭和三十七（一九六二）年二月二十日、急性肺炎によって八三年の生涯を閉じたのです。

信治郎の社葬は、二月二十五日に大阪四天王寺にて行われました。大蔵省（現・財務省）時代から親交のあった池田勇人*首相（当時）は、弔辞で次のように信治郎の功績を称えました。

「鳥井さん―私はあなたに、長い長い交際を願いました。いまも思い出多い数々が私の脳裡を去来いたします。あなたは、長い間、私の先輩として、はたまた先生としてご指導役、酒造界の先駆者としての王者の貫禄を身につけられて、私の未熟な大蔵省役人時代のご意見番として折りにふれ、ときに適切なる助言とご意見をいただきました。（中略）あなたは、奇しくも私が生まれた明治三十二（一八九九）年、二十歳の若さを

池田勇人
広島県生まれ。政治家。京都帝国大学法学部卒業後、大蔵省に入省。昭和二十二（一九四七）年大蔵事務次官に。第三次吉田茂内閣で大蔵大臣に抜擢され、昭和三十五年、内閣総理大臣に就任。所得倍増計画など高度成長政策を推し進めた。明治三十二（一八九九）～昭和四十（一九六五）年。

以って寿屋を創立し、果実酒の製造に着手せられ、赤玉ポートワインを手はじめにあくなき研究心に燃えて、遠く英国に求めてスコットランド式醸造法を考究して、大阪府山崎の地を選んで、本格的ウイスキーの製造に乗りだし、爾来、サントリーの愛称をもって広く国内はもちろん世界に向かって誇り得る銘酒の出現を見るに至ったその先見の明に対しては、世人ひとしく尊敬の念にうたれるのであります」。

会葬者は五〇〇〇人、弔電は二〇〇〇通余り、なかには元首相の吉田茂*の弔電もありました。多くの人々が改めて信治郎の偉大さを認識すると共に、彼の残した足跡を偲んだのです。

敬三は、信治郎について「弱冠二十歳にして洋酒の仕事を始めてから六十三年、この間に嘗めつくしてきた苦労の数々を思えば、この成功も当然のことかも知れないが、自分自身の生きた目でこうした時代を見ることができた父は、やはり何といっても幸福な、運のいい人であったと思う」と語っています。敬三は幼い頃から、洋酒事業に励む信治郎を見てきました。苦難の連続でしたが、国産洋酒のパイオニアとして成功を収めた信治郎は、敬三の誇りでした。また、信治郎がその成功を自分自身の眼で確かめ得たことは、同じ事業家の敬三には、とても幸せに映ったのでしょう。

吉田茂
東京都生まれ。政治家。第四五・四八・四九・五〇・五一代内閣総理大臣。土佐自由党の指導者・竹内綱（たけのうちつな）の五男として生まれ、明治三十九（一九〇六）年、東京帝国大学政治学科を卒業後、外務省に入省。昭和二十一（一九四六）年、第一次吉田内閣を組閣。以後四回にわたって内閣総理大臣を務めた（全五回）。第五次吉田内閣の昭和二十六年にはサンフランシスコ平和条約、日米安全保障条約を締結。日本の高度経済成長に尽力した。明治十一（一八七八）～昭和四十二（一九六七）年。

「やってみなはれ」

信治郎から敬三へと引き継がれたサントリーは、その後も順調に発展を遂げ、現在では、ウイスキー、ビール・発泡酒、ワイン、チューハイなどの酒類事業を始め、清涼飲料、健康食品*、花*、レストラン*といった、さまざまな事業を手掛ける「総合企業」へと成長しました。サントリーホール*やサントリー美術館等の文化社会活動に積極的な会社としても有名です。

そのなかでサントリーは数々のヒット商品を生み出し、業界だけでなく、人々の生活にインパクトを与えてきました。そして、それらはサントリーの特徴でもあるネーミングの面白さや独創的な広告宣伝と相まって、人々の心に深く刻み込まれていったのです。いわばサントリーの歴史は、常に新しいものに果敢に挑戦していった軌跡でもあるのです。

その精神は、創業者・鳥井信治郎の口ぐせであった「やってみなはれ」という言葉が象徴しています。信治郎は、会社のため、顧客のため、さらに社会のために何か役立てるものはないかと常に考え、良かれと思ったらこれを即実践しました。それは社員に対しても同様で、片岡の宣伝広告に口を挟まなかったのも、この精神の表れでしょう。そして、何よりも信治郎がウイスキー事業に挑戦する際、自分自身にもこの言葉を投げか

健康食品
セサミン、アラキドン酸などを用いたサプリメント商品を展開。

花
「サフィニア」「ミリオンベル」など花苗の新品種を開発。切花の分野では、世界で唯一の青色系カーネーション「ムーンダスト」を販売している。

レストラン
各種レストランほか、「ファーストキッチン」「サブウェイ」、カフェ「プロント」などを展開。

サントリーホール
東京赤坂にあるコンサート専用ホールで、多くの音楽ファンを魅了。昭和六十一（一九八六）年開館。

サントリー美術館
東京六本木「東京ミッドタウン」にある美術館。日本の古美術を中心に扱う。

けていたのかもしれません。

また、敬三も「エトヴァス　ノイエス」（ドイツ語で「なにか新しいことはないか」という意味）を座右の銘とし、これを実践していったのです。それは、敬三が社長就任時の「決意表明」にもよく現れています。

「寿屋という会社の下に集まっている人々は決して偶然にできあがった群衆ではない。共通の目的で結ばれ、組織された集団でなければならない。利潤の追求、個々の人々の生活のためということも、もちろん無視できない要因ではあるが、真の目的は、寿屋という企業を通じての社会への奉仕であると確信している。『社会への奉仕』とは世の中に役に立つ仕事をすることだ。赤玉ポートワイン、トリス、サントリーなど製品の一つひとつが消費者の満足を得ることができたら、それは社会に役立っていることにな

他社に先駆けて発売した瓶詰生ビール「純生」がヒット（昭和42年）。

山崎蒸溜所に建立された信治郎の像。右奥に見えるのは第一号ポットスチル。

る。同時に、会社はお互いに率直にものを言える場でなければいけない。正しい意見にはいつも聞く耳を持つ職場でありたい」。

こうした「やってみなはれ」の精神が、現在でも受け継がれ、サントリーの成長・発展の原動力となっているのです。

サントリーの主な商品（酒類・清涼飲料水）

＜酒類＞

発売時から続く亀甲切子ボトル「角瓶」をはじめとする〈ウイスキー〉、平成17～19年「モンドセレクション」ビール部門で日本初の最高金賞（GRAND GOLD MEDAL）を3年連続で受賞した「ザ・プレミアム・モルツ」をはじめとする〈ビール〉のほか、麦の旨みにこだわった「金麦」などの〈発泡酒・新ジャンル〉、〈チューハイ・カクテル〉、〈焼酎・泡盛〉、〈ブランデー〉、〈ワイン〉などを展開。写真は、左から「角瓶」、「ザ・プレミアム・モルツ」、「金麦」、“カロリーオフ”という新ジャンルを確立したチューハイ「カロリ。」シリーズ、果実の鮮度にこだわったチューハイ「-196℃」シリーズ。

＜清涼飲料水＞

コーヒー、茶飲料、炭酸飲料 、果汁入り飲料、機能性飲料 、乳性飲料などを展開。写真は左から、発売以来、緑茶市場を担うブランドに成長した「伊右衛門」、コーヒー「BOSS」、水源地の環境を守りながら製造される「サントリー天然水」、「ペプシネックス」、ライフパートナー「DAKARA」。

磯野 計

「酒類食料品の商業をノーブルなものとせん」

いその はかる

安政五（一八五八）年八月十四日生まれ。明治十八（一八八五）年、横浜に明治屋（現・株式会社明治屋）を創業。ジャパン・ブルワリー（現・キリンビール株式会社）と一手代理店契約を締結し「キリンビール」の発展を導く。明治三十年十二月十四日没。

第一章　商業実務の修得

一、藩士の家に生まれる

英語を身に付ける

磯野計《いそのはかる》は、安政五（一八五八）年八月、美作国《みまさかのくに》津山（現・岡山県津山市）の松平藩士磯野湊《みなと》の次男として生まれます。母の常は同じ松平藩士、太田耕の娘でした。津山の藩主である*津山松平家は、徳川家康の次男秀康を祖とする越前松平の子孫で、徳川御三家に次ぐ名家でした。津山松平家では、家臣の格付けとして、御譜代、古参取立、新参、新参取立の四つの階級がありましたが、磯野家は母の実家太田家と共に、筆頭の家格「御譜代」でした。

津山松平家はとくに藩内の教学の振興に努めており、宇田川準一、菊池大麓《たいろく》など津山出身の著名人に学者が多いのもそのためです。その源流は、幕末の津山藩に藩医として仕えた二人の偉大な蘭学者にあります。一人は江戸藩邸で蘭学を学び、*杉田玄白とも親

津山松平家
津山藩は慶長八（一六〇三）年に外様の森忠正が美作一国を入封し立藩。元禄十（一六九七）年の森家断絶後に、徳川将軍家親族の松平家（越前）が入封し、廃藩置県まで藩主を務める。

杉田玄白
江戸中期の蘭方医。前野良沢らと解剖学書『ターヘル・アナトミア』を翻訳、安永三（一七七四）年に『解体新書』を刊行した。享保十八（一七三三）年～文化十四（一八一七）年。

宇田川玄随
江戸中期～後期の蘭学者、医師。日本最初の西洋内科書『西説内科撰要』（蘭書翻訳）を刊行。宝暦五（一七五六）年～寛政九（一七九八）年。

交のあった*宇田川玄随であり、もう一人は天文学や蘭学の分野で有名な*箕作阮甫《みつくりげんぽ》です。彼らのもとで、あるいは学派で学んだ人物が、次々と学問の世界で活躍していくようになったのです。

計はこのような風土のなかで育ちました。計は両親にも厳しくしつけられ、慶応元（一八六五）年、七歳のときに漢学を学び、九歳のときには『*四書五経』の素読を終えました。儒学によってその人格を練磨したのです。

学問の盛んな津山藩では、幕末から明治の初めにかけて、西洋文明を吸収すべく多くの人材が海外へと旅立ちました。計も早くから海外に関心を抱くようになり、十歳になった頃、父の勧めもあって神戸の英語塾で英学を修養するようになります。同塾の塾長は、箕作阮甫の孫・麟祥《りんしょう》でした。兵庫（神戸）は、安政五年に江戸幕府とアメリカ・イギリス・フランスなど五か国と締結した修好通商条約（安政の五か国条約）により、神奈川（横浜）・箱館（函館）・長崎・新潟と共に開港されています。多くの西洋の文物が流入する玄関口だったため、計にとっては大きな刺激となり、勉学にいっそう励むようになりま

少年時代の磯野計。三叉学舎は、計をはじめ、東郷平八郎や原敬など俊才を多く輩出した。

箕作阮甫
幕末の蘭学者。幕府天文方で蘭書翻訳にも従事。寛政十一（一七九九）年～文久三（一八六三）年。

四書五経
儒教の基本書物。四書とは大学・中庸・論語・孟子、五経とは易経・詩経・書経・春秋・礼記。

明治10年の東京大学正門。計は卒業時、わが国で最初の学士号（法学士）を授与され、司法省より東大出身者として初めての代言人免許も受けた。

した。

しかしながら、計が入塾してから一年も経たないうちに、麟祥が開成学校（後の帝国大学、現・東京大学*）の教授になり、塾は閉鎖されてしまいます。計は津山に帰ることになりました。しかし、折しも津山藩では、藩士の中から有能な人間を数名選抜し、留学生として東京に送る計画がありました。計が神戸で熱心に勉強していたことが藩主の耳にも入っていたことから、その留学生の一人に計が選ばれることになったのです。計は東京津山藩藩邸の中に建てられた、箕作阮甫の女婿、秋坪《しゅうへい》が主宰する三叉学舎に入って学び、とくに英語に力を入れて学びました。

東京大学に学ぶ

計が東京で学んでいたとき、津山では父の湊が津山藩政改革の件に関連して捕縛幽閉される事件が起きま

東京大学
明治十（一八七七）年に東京開成学校と東京医学校が合併して成立。日本最初の官立大学。帝国大学（明治十九年～）、東京帝国大学（同三十年～）を経て、昭和二十四（一九四九）年に第一高等学校などを統合し、新制大学に移行する。

東大時代の計（後列左。右は増島六一郎）。卒業から約1年後の明治13年、計は増島らと共にロンドンへ渡った。

した。それゆえ、計は学資に窮するようになってしまい、近くの両国橋から身を投げて自殺しようとも考えます。しかし、幸運にも明治三（一八七〇）年八月に「藩中の秀才」として津山藩の推薦を受けることになり、貢進生となって後の東京大学で西洋の社会・人文諸学を教える大学南校に、官費で学ぶことができるようになったのです。

計は法律学、とくにイギリス法を専攻しました。明治五年には第一大学区第一番中学校（現・東京大学）に入学し、翌年に開成学校（同上）の官費生徒になります。計は学問に勤しみ、明治九年に東京大学予備門（後の第一高等学校、現・東京大学）を卒業し、明治十二年七月十日に東京大学第二回法学部卒業生として、文部省から学士号（法学士）を授与されました。なお、このときの東京大学卒業生は合計六四人で、計の属する法学部は九名でした。

その後、計は他の学友たちと共に司法省から、東京大学出身者として日本で初めて代言人*の免許を受けます。

二、ロンドンへ留学

代言人の事業を開始

計はかねてから東京大学を卒業したら何か事業を始めようと考えていました。大学では、卒業後、国家の官吏になることが理想であり、誇りであると考えられていました。事実、多くの学生が官僚になり、民間で事業を行う者は少なかったのです。しかし、計はイギリス法を学ぶなかで培われた「公明」「正大」「信義」「誠実」の精神や、イギリス人の伝統である自由独立の気風を好み「丈夫たるもの須《すべか》らく独立して事に当るべし」という考えを持っていました。つまり、自ら独立し民間で事業を行おうという考えを持っていたのです。

ただ、この段階では進むべき事業をまだ具体的に選定できていませんでした。それゆえ、とりあえず大学での勉学を生かす方策として、同期生の増島六一郎*、山下雄太郎*、高橋一勝《いっしょう》*を誘い、東京神田に東京攻法館という事務所を設置して、代言人業務を開始しました。明治十二（一八七九）年十一月、計が二十一歳のときです。

当時、代言人はなくてはならない職業のひとつでしたが、その多くは過分な謝礼をむさぼっていたため、信用に乏しく、世間にはこの職業を卑しむ風潮がありました。その

代言人
弁護士の旧称。明治二十六（一八九三）年「弁護士法」の制定により、「弁護士」の名称が使われる。

増島六一郎
近江国（現・滋賀県）生まれ。法学者、弁護士。英吉利法律学校（現・中央大学）の初代校長も務める。安政四（一八五七）年～昭和二十三（一九四八）年。

山下雄太郎
土佐国（現・高知県）生まれ。法律家。検事・弁護士として活躍。安政四（一八五七）年～大正十二（一九二三）年。

ため「大学南校出の秀才数人が、なにゆえ官吏にならず、代言人になったのか」と世間の耳目を集めたといいます。しかし、増島らも計と同じように「民間にあって官場に入らず」の考えを持ち、官僚になろうとは思っていませんでした。むしろ、こうした風潮をなくすべく、弁護鑑定による報酬の類は依頼人が納得する金額だけで引き受けるなど、代言人の社会的地位の向上を目指したのです。また一方で、計は事務所内に「私立法律学校」を設けて、法律に関心のある若者たちに法律学の講義を行うなど、新規事業の展開にも意欲的に取り組みました。

とはいえ、高い志とは裏腹に、東京攻法館の経営はなかなか容易ではなく、財政的には火の車だったようです。

高橋一勝
武蔵国（現・埼玉県）生まれ。弁護士。嘉永六（一八五三）年〜明治十九（一八八六）年。

三菱の給費留学生に選ばれる

明治十三年、計らが東京攻法館を開いて一年ほど経ったとき、計たちに大きな転機が訪れます。計は増島、山下と共に郵便汽船三菱会社（現・日本郵船株式会社）の給費留学生に選ばれ、ロンドンで勉学する機会を得たのです。

三菱の創始者である岩崎弥太郎*は、三菱の事業、ひいてはこれからの日本の発展を担う人材として、当時のエリートともいえる学卒者を育成しなければならないと考えてい

岩崎弥太郎
土佐国（現・高知県）生まれ。実業家。明治の動乱期に政商として海運業における独占的地位を確立。さらに鉱山、製鉄、荷為替、造船にも進出。三菱財閥の創始者。天保五（一八三五）年〜明治十八（一八八五）年。

豊川良平
土佐国（現・高知県）生まれ。弥太郎の従弟で本名は小野春弥。実業家。三菱系の百十九国立銀行頭取。三菱の発展に尽力した。嘉永五（一八五二）年〜大正九（一九二〇）年。

岩崎弥之助
土佐国（現・高知県）生まれ。弥太郎の弟。実業家。弥太郎の死後、三菱の二代目社長に就任。多角化戦略を遂行し、財閥の基盤を築く。嘉永四（一八五一）年〜明治四十一（一九〇八）年。

ました。そのため、独自に給費留学生の制度を設け、三菱の最高幹部である豊川良平*にその人選を行わせたのです。この人選にあたって、三菱は大学南校出身の法学士にも着目していました。計らは、弥太郎の弟・弥之助*の面会を経て本決まりとなりました。ちなみに、当初選ばれたのは増島、山下、高橋の三人でしたが、高橋が辞退したため計が代わりに選ばれたという経緯もありました。

そもそも三人が留学を決意した理由は、増島が岩崎弥太郎のもとを訪れて東京攻法館の資金の貸付を頼んだ際に「金は出してもいいが、まずヨーロッパで学術を勉強したらどうか」と言われたのがきっかけでした。計はこの面接で岩崎弥之助や豊川良平と初めて顔を合わせますが、これを機に二人はその後のビジネス活動においても貴重な後援者となり、計の良き理解者となります。なお、このとき計は二十二歳で、弥之助は二十九歳、豊川は二十八歳と、それほど年齢は離れていませんでした。

計ら三人は、渡航前に東京・駿河台の弥之助邸で開かれた送別の宴に招かれます。その席上で計が弥之助に「お金はどのくらい使っていいですか」と尋ねたところ、彼は「いくら使ってもかまわない。しかし、毎月の使途は詳細に報告するように。もし君たちの金の使い方がいけないと思う点があったら、貸付は即座に停止する。ロンドンでの学問は各自それぞれ好むところのものを修得されたい」と答えました。極めて寛大なものでした。計はそれに対し、「三菱が我々を洋行させることには深く感謝するが、この

「ような恩義があるからといって、戻ってから三菱の奴隷になることは御免こうむります」と弥之助に切り返します。つまり、これだけの恩義を受ける以上、その期待に応え、日本の発展を導けるだけの人材になりますという、計の決意表明でもありました。

なお、詳しい経緯はわかりませんが、計は慶応義塾の創立者、福沢諭吉*とも親交がありました。福沢は計を士魂と商才を兼ね備えた人物であると称えており、計がロンドンに渡航することを決意したとき、門下生を招集して、築地の料理屋にて計のための送別会を催しています。

福沢諭吉
大坂（現・大阪府）生まれ。思想家・教育家。豊前中津藩（現・大分県）藩士。大坂の適塾に学び、安政五（一八五八）年に江戸で蘭学塾（現・慶応義塾）を開設。幕府の遣外使節に随行し、各国を歴訪。維新後は政府に仕えず、民間の啓蒙思想家として活躍。明治十五（一八八二）年に『時事新報』を創刊。天保五（一八三五）年～明治三十四（一九〇一）年。

トロール船
トロール漁業を行うための漁船。トロール漁業とはトロール網（底引網の一種）を曳き回して魚を獲る方法で、大量の漁獲が可能。

ロンドンでの四年間

計ら三人は、明治十三（一八八〇）年十月半ばに横浜を発ち、長崎、香港、シンガポール、スリランカ、スエズを経由して同年十二月半ばにロンドンに到着しました。

当時のイギリスは、産業革命によって非常に繁栄し「大工業国」、「大貿易国」、そして「世界の工場」として世界に君臨していました。折しも瓶詰や缶詰、冷凍法を中心とする食糧保存法が確立された「第二次食事革命」といわれる時代のさなかで、鉄道や蒸気船などの近代的輸送機関の著しい発達がこれを支えていました。冷凍装備のトロール船*により捕獲された新鮮な漁具類が安い値段で食されるようになり、大量の牛肉や羊肉

ノリス&ジョイナー商会
イギリスのシップ・ブローカー。海上保険業務も取り扱う。

がオーストラリアから運ばれ、さまざまな果物も世界中から多く輸入されました。また、イギリスの代名詞ともいえるセイロン紅茶もこのとき広く行きわたり、ウイスキーやビールの消費量も急増しています。すなわち、一般家庭においても自由に食べ物を選択できる、豊かな食生活が可能になったのです。こうした発展によりイギリス国民の栄養状態は大幅に改善され、それに伴って死亡率も低下しました。計はそのようなイギリスの状況を目の当たりにし、大きな衝撃を受けることになります。

さて、渡航した三人のうち増島と山下は、ロンドンの大学に入学します。とくに増島はイギリスの法曹資格を獲得できる四つの法学院のうちのひとつ「ミドル・テンプル」で学ぶ機会を得ることに成功します。しかし、ビジネスに関心を持つ計は大学には入らず、商務の実地勉強を目指してしばらくその機会を伺っていました。増島によると、計がビジネスを志したのは、彼がもともと関心を持っていたこともさることながら、現地で三井物産のロンドン支店長である渡邊専次郎に鼓舞されたことも大きかったようです。そして、明治十四年の初め、計はロンドン市の中心部にある回船業者ノリス&ジョイナー商会*に見習書記として入社し、商業実務を研修することになったのです。

計は勤勉な性格で、働いてすぐに幹部の信頼を得ました。例えば、従来、書記は幹部宛の郵便物を受け取ると、これを一束にして机の上に積み、それを幹部らが自ら分けるのに任せるのみでしたが、計は郵便物を見分けて各々の幹部の机の上に置いたのです。

ほんの些細な配慮とはいえ、こうした丁寧な仕事を重ねることで、計は幹部たちに深く重宝されるようになります。その後、計は西洋の食品業務ならびに船舶全般にわたる商業実務を任されるようになり、そこで「複式簿記*」の知識を身に付けます。

また、イギリスでは在英公使館員や陸海軍人を含めた官吏及び日本人留学生の相互の親睦と英語の熟練を図る目的で「日本人会」が結成されていました。メンバーは三〇名ほどでしたが、計はこの会合にときどき出席し、さまざまな人たちと出会い、かつ交流を深めます。さらに、時間があればイギリス内地だけでなく、ヨーロッパ大陸まで足を伸ばして見聞を広めるなど精力的に活動しました。

留学生としての計のロンドン生活は、明治十七（一八八四）年までの四年間にわたり、明治十七年六月、郵便汽船三菱会社の新造船である横浜丸に乗り込み、帰国の途につくまで続きます。ちなみに、この間の留学費用として増島は一万円弱を計上しましたが、計は商業に従事していたため約半分の四八〇〇円で済みました。帰国したとき、計は留学費用を返却することを申し出ましたが、岩崎弥之助は「学資金は返却するに及ばず」という旨の手紙を送っています。

複式簿記
すべての取引を勘定科目を用いて借方（左側）と貸方（右側）とに仕訳し、貸借平均の原理に基づいて組織的に記録・計算・整理する方法。日本では江戸時代に大福帳による独自の帳簿システムが確立されていた。なかには複式簿記の萌芽もみられたが、明治期に入って本格的に導入されていった。

第二章　明治屋の経営

一、三菱での勤務

郵便汽船三菱会社へ入社

イギリス留学中にグラスゴー*やサウサンプトン*などの港町で、乗客や貨物を乗せた商船や船舶納入業の実情を学んでいた計は、留学も三年が経った頃、帰国後はとりあえず船舶納入業の仕事を始め、その後に食料品や雑貨などの輸出入事業に着手しようと考えていました。そうしたなか、明治十七（一八八四）年三月末に、郵便汽船三菱会社*の注文によりグラスゴーで建造された横浜丸の進水式が行われ、計はこれに出席することになります。そして、このとき、三菱は計に事務長に就任してもらえないかと打診したのです。

この横浜丸の船長や船のスタッフのほとんどは外国人によって占められていました。しかし、事務長の職務には船舶用のさまざまな物資の買い付けがあり、当時は横浜丸だ

グラスゴー
イギリス、スコットランドの中部・大西洋岸にある工業都市、港湾都市。造船、鉄鋼業が盛ん。

サウサンプトン
イギリス、イングランド南岸の港湾都市。造船、電気機械工業が盛ん。

けでなく、この購買を巡っては横領などの不正・不祥事が絶えませんでした。事務長という仕事は「底なしの財布」を使用するようなものだったのです。三菱側としては、事務長だけは日本人に担当してもらいたいと考えていました。

計としても、商業実務の見習いと研究はもはや十分に果したので帰国したいと考えていたところでした。計はこの打診を快諾します。帰国するまでの間、横浜丸の事務長の職に就き、各国の港で船員用の食料品買入をすることになったのです。計にとってこれはまさに思い描いていた「船舶への納入業務」であり、その実習でもありました。

横浜丸の横浜への帰港、つまり計が帰国したのは、ロンドンを発ってから二カ月後の明治十七年八月でした。帰港と同時に計はいったん休養したいと申し出て横浜丸の事務長の職を辞めています。そして、その二カ月後の十月に改めて郵便汽船三菱会社に正式入社し、同社の神戸支社事務職を命じられました。この職は、神戸にある桟橋の荷受所における荷物揚げ下ろしの現場監督の事務職でした。ちなみに月給は六〇円で、当時ではなかなかの高給取りでした。

前述したように、計は帰国したら船舶の納入業の仕事を始めたいという夢を抱いていました。とはいえ、いきなりこれを実践するのは得策ではないと思い、いったんは郵便汽船三菱会社に就職したのです。同社に就職することは、計にとって、ビジネスの経験を積めるという利点のほかに、ロンドンに留学させてもらったことに対する義理立ても

郵便汽船三菱会社
明治八（一八七五）年に三菱蒸汽船会社から改称。岩崎弥太郎は明治六年に三菱商会（翌年に三菱蒸汽船会社）を設立して海運業に進出、政府の政策的保護下で航路網を整備し、独占的地位を構築していった。しかし、共同運輸との激しい競争の末、明治十八年に合併し、日本郵船が発足する。

あったと考えられます。

シップチャンドラーへの志

郵便汽船三菱会社に入社したとはいえ、計ははじめからそこで長く勤務するつもりはありませんでした。もともと独立心が強く、人に雇われるのが嫌いな性格の持ち主です。明治十八（一八八五）年四月、計は船内納入の仕事を始めるために同社を辞める決意をし、社長の岩崎弥之助にその旨相談しました。弥之助は「それはおもしろいから、ぜひやってみなさい」と快く辞職を許可したのです。計は同年五月に郵便汽船三菱会社を退職し、念願だった起業の準備に取りかかることにします。

起業するうえで計の相談相手になったのが、ロンドンの日本人会で知り合った佐野令三*でした。佐野は計と同じくロンドンで商業実務を学び、帰国後は横浜北仲通りに「イロハ商会」を設立して生糸輸出*に従事し、さらに「佐野商店」を興して、韓国や中国との間で雑貨などの貿易業も営んでいました。計は商売上の先輩である佐野に、外国貿易について教えを請い、新しい事業の準備を進めたのです。

当時、郵便汽船三菱会社の船舶に食料品、雑貨などを納入する業務は、イギリス人のホワイトマークやデンマーク人のナクチガーなど、海外の指定納入業者に独占されてい

佐野令三
商法講習所（現・一橋大学）卒業後、知己の福沢諭吉の意見を聞きイギリスの商業学校に学ぶ。横浜の貿易会社ロンドン支店で営業助役も務める。

生糸輸出
開港後外国人居留地を中心に輸出される。第一大戦終了時まで輸出総額の三分の一を占める。

共同運輸会社
郵便汽船三菱会社に対抗し、政府が反三菱の財界人と協力し明治十五（一八八二）年に設立。三菱との運賃値下げ競争と貨客の争奪戦を行う。果ては同時出航して優劣（速さ）を競い合うようになり、接触事故を起こしたことも。弥太郎の死後、共倒れを恐れた政府仲介により日本郵船が設立。

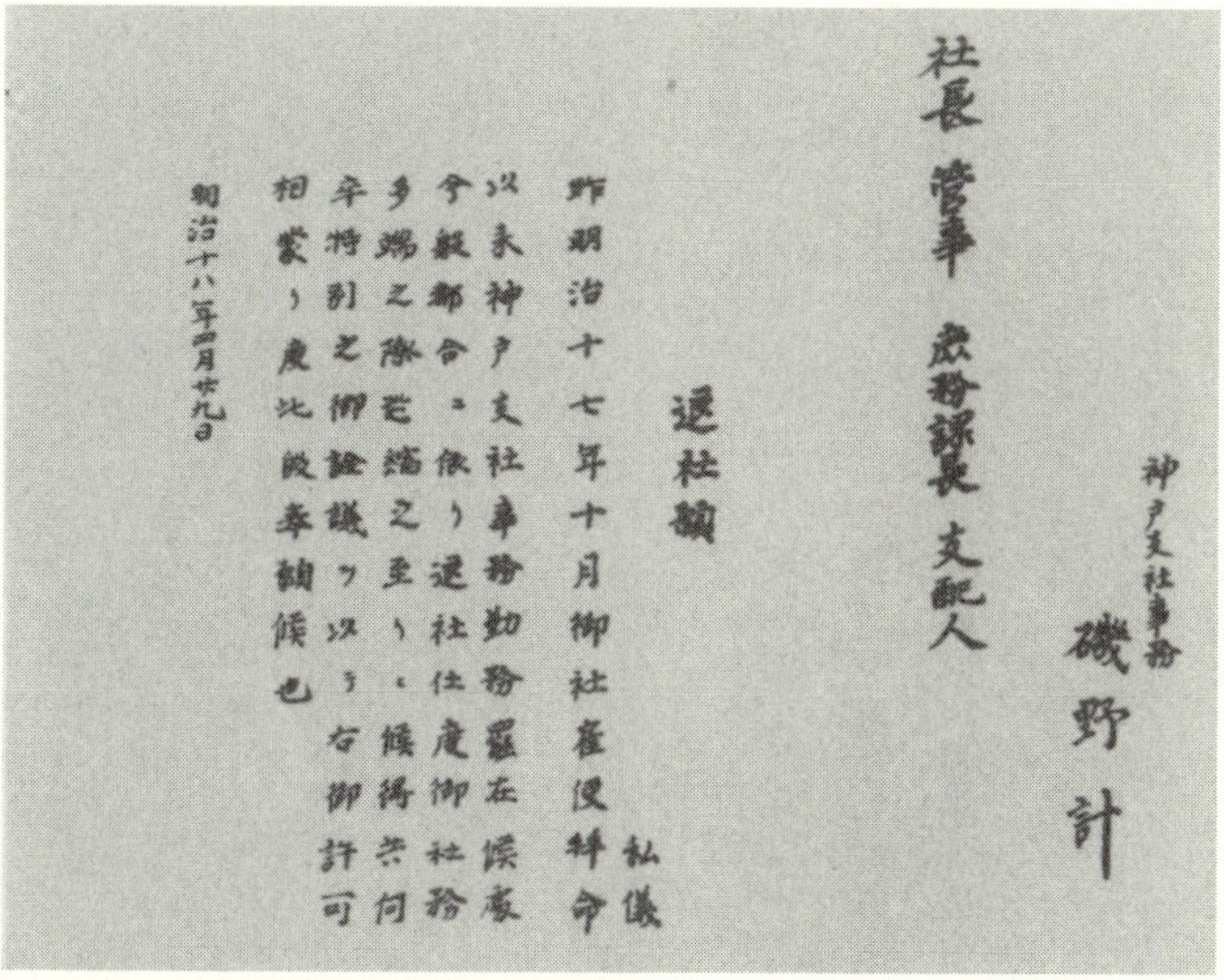
神戸支社事務
磯野計

社長 管事 庶務課長 支配人

退社願

私儀
昨明治十七年十月御社雇使拝命
以来神戸支社事務勤務罷在候處
今般都合ニ依リ退社仕度御社務
多端之際甚タ恐縮之至リニ候得共何
卒特別之御詮議ヲ以テ右御許可
相蒙リ度此段奉願候也

明治十八年四月廿九日

郵便汽船三菱会社時代に計が出した退社願い（明治18年4月）。退社からわずか半年足らずで、明治屋を創業した（同年10月）ことになる。

ました。それゆえ、半ば彼らの思うままに事が運ばれる悪弊があったのです。ちなみに明治十年の段階では、日本の輸出額の九四パーセント、輸入額の九五パーセントが外国商館により取り扱われていました。計は国家的見地からも船舶納入権を彼らから奪回して、日本人自らが日本の船に納入を行わなければならないと考えました。

二、明治屋の経営

屋号を「明治屋」とする

明治十八（一八八五）年九月、郵便汽船三菱会社と共同運輸会社*が合同して日本郵船会社が創立されました。郵便汽船三菱会社は明治十年前後から政府の保護を受けており、日本の海運業で独占的な地位にありました。しかし、「明治十四年の政変」後に政府は政策

財界や政界などでの知己の広さも実業家としての計の力量を示している（写真は明治20年代の計）。

を転換し、三菱の独占打破のために明治十五年、半官半民の共同運輸会社を設立したのです。両社は半ば採算を無視し運賃を引き下げるなど激しい競争を繰り広げました。それは両社にとっても大きな損失でした。そこで明治十八（一八八五）年九月に両社が合併して日本郵船が設立されることになったのです。なお、この合併で三菱は、直営とはいきませんが、同社の所有と経営の中心となり、再び業界をリードする立場になったのです。

そこで計は岩崎弥之助やかねてから親交のあった近藤廉平*を通じて、日本郵船会社が持つ船舶への納入権を外国人の手から移してもらうよう働きかけ、これに成功しました。そして明治十八年十月、計は横浜の万代町一丁目でついに船舶納入業を開始します。場所については、万代町が山の手で不便なため、翌年一月に横浜の北仲通四丁目に移転し、住居、事務所兼店舗を設けました。日本郵船横浜支店から徒歩一、二分の場所でした。

「明治屋」の屋号が初めて使用されたのは、翌年の明治十九年二月からです。年号の

近藤廉平
阿波国（現・徳島県）生まれ。明治五（一八七二）年、三川商会（後の三菱商会）に入社、同十六年に郵便汽船三菱会社の横浜支店支配人に。日本郵船設立で同社に転じ、同二十八年から終生社長を務めた。嘉永元（一八四八）年～大正十（一九二一）年。

明治生命保険会社
日本最初の生命保険会社。明治十四（一八八一）年に阿部泰蔵が設立。三菱との関係を深める。平成十六（二〇〇四）年に安田生命保険と合併。

シッピングマーク
貨物の梱包や容器に表記される、荷主あるいは荷受人を表す略語。

浜尾新
但馬国（現・兵庫県）生まれ。教育行政家。嘉永二（一八四九）年〜大正十四（一九二五）年。

枢密院
明治二十一（一八八八）年に大日本帝国憲法草案・審議のために設置された天皇の最高諮問機関。昭和二十二年廃止。

明治から採られました。ただ、諸外国との取引については、各国の法律や商習慣に従って、「HAKARU ISONO」という個人名を用い、日本国内の取引の際に「明治屋」の屋号を使用したのです。「明治」を屋号に用いた会社には明治十四年創立の有限明治生命*保険会社（現・明治安田生命保険相互会社）があり、明治屋がこれに続きます。なお「明治屋」をローマ字で書き表すとき「MEIJI」と書くのが一般的ですが、計はこれまでのイギリス留学や外国人との取引を通じて、日本語としては「JI」であっても外国人には「DI」のほうが言いやすいことに着目し、国際的に通用するネーミングとして明治屋の表記を「MEIDI - YA」とします。また、輸出入業務のためのシッピングマーク*（荷印）として「三ツ鱗《みうろこ》」にM・Yの文字を配することにしたのも計の創案でした。もともと磯野家の定紋「子持亀甲に三ツ鱗」からとったもので、正三角形三個から構成されたものです。英語ではスリー・ピラミッドと呼びました。この「三ツ鱗」は現在でも社章で使用されています。

ちなみに、計は明治十八年九月から教育活動にも従事しています。具体的には、イギリスから帰国して間もなく、文部省専門学校局の浜尾新《あらた》*（後の東京帝国大学総長、文部大臣、枢密院*議長）から、一橋大学の前身である東京商業学校ならびに東京外国語学校付属高等商業学校の講師になってもらいたいとの要請を受け、これを承諾したのです。計はそこで「法律」や「簿記」などの科目を担当しました。講師の依頼があったときは

市場からの明治屋に対する信頼と期待を表すように、創業からわずか6年後には（明治24年）、横浜市本町の一等地に、写真のような壮麗な洋風社屋が建設された。

明治屋創業の直前でしたが、店開きの準備が整って少し余裕があったためこれを引き受けたのです。

しかし、明治屋の経営で多忙になると、明治屋と教育の仕事との両立は難しくなり、明治十九（一八八六）年一月に両校に辞表を提出しやむなく教員の仕事を断念しますが、計は、優れた実業家であると同時に優れた教育家でもありました。

創業の理念

計は「世界のベスト（最良品）を売る」というスローガンを掲げて主に高級品を取り扱うと同時に、原価に対して利益を一割以上獲得しない薄利主義を実践しました。またリスクの高い投機取引を厳禁とし、あくまで手数料取引に徹したのです。さらに、ロンドンで習得した複式簿記をいち早く採用し、経営の近代化も図りました。当時、複式簿記を導入している企業はま

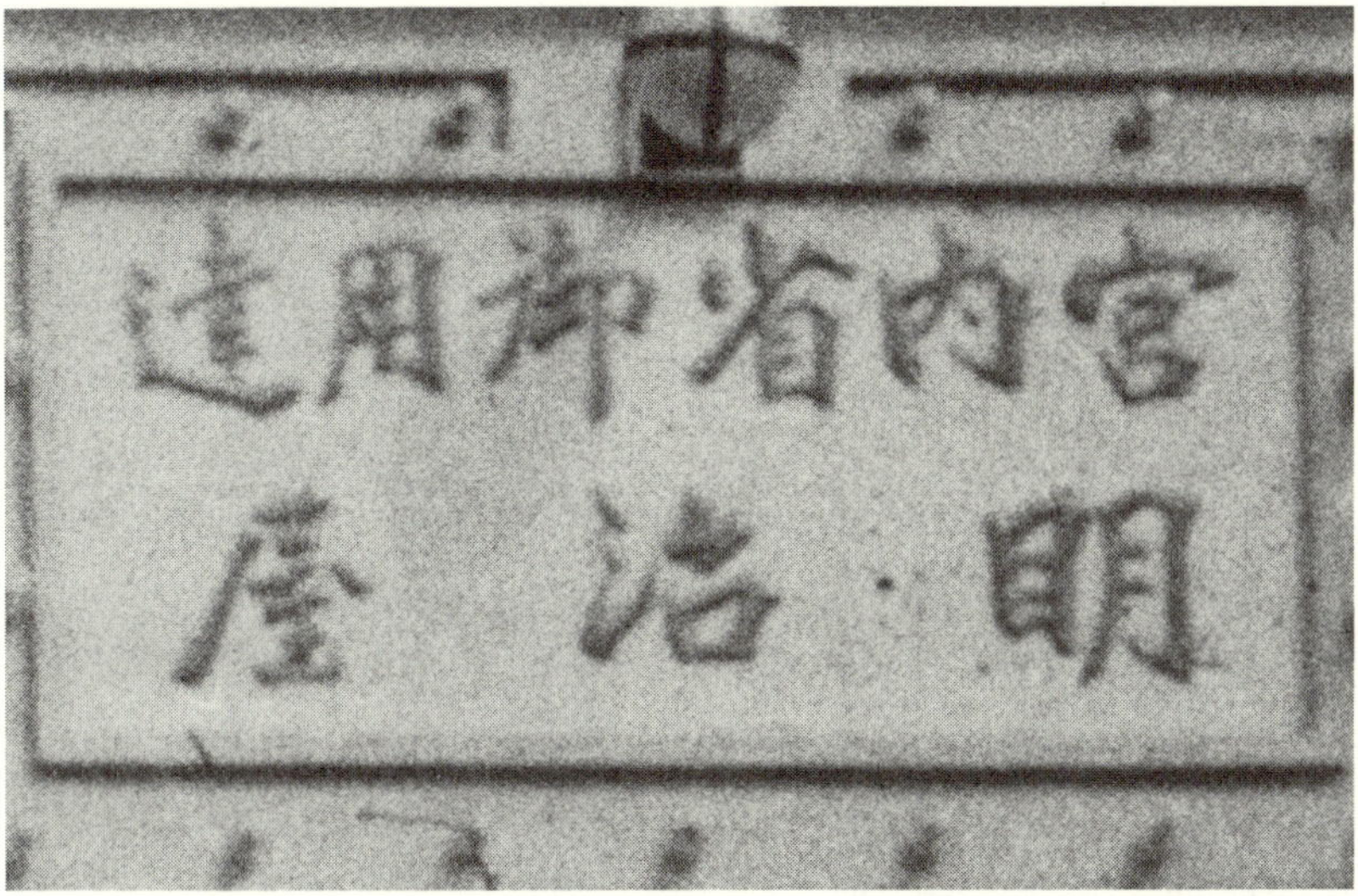

明治屋は明治21年より宮内省にブドウ酒を納入していたが、同32年正式に「宮内省御用達」が認められ、称標が店頭に掲げられた。ちなみに現在の「御用達」は自称であり、認可されたものではない。

だほんのひと握りといった状況で、計の改革は日本の最先端だったのです。このほかにも、店内の設備刷新、取引の改善、帳簿の整理など欧米に範を取りながらも数々の変革を断行し、信用、堅実、機敏、熱心を商売の「生命」として経営にあたりました。

計の創業の理念を物語るひとつのエピソードがあります。明治屋を開業して間もなく、東京大学のある後輩が店を訪ねてきたときのことです。後輩は計に対して「食料品商とは卑しき商売を開始したものではないか」と忠告したのです。計はこれに対し「商業に尊卑貴賎の別はない。唯これを行う人の心持により尊くもなり、卑しくもなる。余は他日必ず酒類食料品の商業をノーブルなものとせん」と毅然と答えたのです。日本の文化風習にとらわれることなく、イギリスで培われたリベラルな思想によって自らの行動を決めたのです。

明治屋には店員が五、六名いましたが、彼らに対す

新婚時代の福子。一橋大学建学の祖・森有礼の妻（姉）と共に美人姉妹として有名だった。

る規律や教育は厳格なものでした。そのひとつに、毎朝五時には必ず店に着くように命じたことが挙げられます。計自身は店続きの居室に寝泊りし、時間を確保するために早朝から夜遅くまで、文字通り一日のすべてを店の経営に捧げていました。そのような事情もあり、計は店員にも相応の姿勢を求めたのです。当時は現在のように交通手段が発達していません。ましてや早朝の出勤ともなれば、利用する手段は限られ、その苦労は相当なものだったと考えられます。

また、教育についても、微に入り細に穿った指導を徹底しました。接客についてはもちろんのこと、勤務態度や、電話での言葉遣いをはじめ、日々の節制に至るまで、すべてを「顧客第一」に徹するように指導したのです。

さらには、輸入商品の呼び方はもちろん、外来語なども、正しい発音を用いることを厳しく命じました。例えば、タイピストとして入店したある女子店員が女中に対して「バケツを持ってくるように」と言ったのを聞き、計はわざわざ二階から降りてきて「なぜバケツなどというか」と叱りつけたことがありました。バケツは「バッケット」と発音しなければならなかったのです。

福子
福子の姉・常子は、第一次伊藤博文内閣で文部大臣を務めた森有礼の妻。森が伊藤らを自宅に招いてパーティーを行ったとき、女子教育の必要性を説いた森を冷評した伊藤に対して、森は福子をそばに呼び「新教育を受けし婦人此の如き才媛である」と伊藤に示したという。

計は直情径行の人物で、思うことはだれであろうと主張し、感じたことは相手の心情を慮るまえにすぐ口にしました。それは明治屋の店員から理屈が多すぎるとの非難が出るほどでしたが、実直で何事にも真剣に取り組む計の人柄を表すエピソードだったといえます。ちなみに、自分に非があると思ったら虚心坦懐で、素直に謝罪する人でもありました。

なお計は、明治十八（一八八五）年十二月末に、幕府の旗本、広瀬秀雄の三女である福子*と結婚します。このとき計は二十七歳、福子二十一歳でした。福子はミッションスクール、海岸女学校*（後の青山女学院、現・青山学院）に学んだ、いわゆる「才女」でした。しかし、明治十九年九月に長女菊を生んだ五日後に、病のため亡くなってしまいます。計はその後再婚しませんでした。

取扱品の拡大

明治屋は、日本郵船会社の汽船に食料品などを供給することをその目的としましたが、開業して間もなく、先述の佐野令三の力を借りて、西洋酒類、食料品、たばこ、食器等の直輸入業も手掛けます。ちょうど「文明開化*」の時期で、日本にも西洋の文物が普及しつつある時代でした。西洋に精通する計にとってはビジネスチャンスだったのです。

海岸女学校
明治七（一八七四）年アメリカの宣教師が東京麻布に開校した女子小学校が翌年救世学院、同十年に海岸女学校と改称された（その際東京築地に移転）。女子教育の開拓者的役割を果たす。同二十八年青山女学院と改称、昭和二年他学校と統合し青山学院に。

文明開化
明治初期の近代化現象を指す。日本に西洋の文明が流入して、制度や習慣が変化した現象。福沢諭吉が『文明論之概略』（明治八年）で使ったのが始まりとされる。鉄道の開通、電信・郵便の開始、西洋建築、洋服、洋食、散髪の奨励、学制の施行などが挙げられる。ただ西洋化は都市部や一部の知識人に限られた。

そして何よりも留学先のイギリスでの「優良な食品がもたらす国民の幸福」を目の当たりにしていた計は、日本人にも同じように豊かな生活を送って欲しいという思いがあったのです。

先に述べたように、当時は不平等条約のもと在日欧米人が日本の貿易を独占し、ときには諸外国仕入先が横暴な姿勢を示していた時代でもありました。それゆえ外国人商人を経由せず、得意の英語を駆使して敢然と商談を行う計のような日本商人は稀でした。

現在のオリジナルブランド「My」のルーツで、明治44年に販売された「MYジャム」。

明治屋の納入業務は日本郵船だけでなく、一般の外国船やイギリス、アメリカの軍艦などにも対象を広げ、取引先は逐次拡大していきました。また、経営が軌道に乗ると、食料品販売だけでなく、鉄材・機械・金属器具、衣服類や一般雑貨を加え、さらには卸及び小売業にも着手しました。すなわち、船舶納入業から食品貿易商、さらには総合輸入販売業へと業務を拡大していったのです。

創業から五年間で明治屋が扱った主な商品に次のようなものがあります。

・食料品……レッドキャベツ、チーズ、ホワイトオニオン、

明治末期、明治屋が世界の最良品として、輸入販売したイギリス・ハントリーパーマー社のビスケット。日本の梅雨を越してもカビたり、いたみを生じなかったため人気を集めた。

バター、ジャム、ピクルス、小麦粉、レーズン、ナッツ、ベーコン・ハム、コーヒー、砂糖、チョコレート、缶入ビーフ、アスパラガス、はちみつ、オイルサーディン、ドロップス、食塩、カリフラワー、オリーブオイル、ビネガー、レモンジュース、ビール、ワイン、スピリッツ（蒸留酒）、マーマレード、ウイスキー、ビスケット、ドイツビール、フロリダウォーター、ミルク製品

・雑貨……スプーン、フォーク、瀬戸物、ガラス器具、たばこ、シガー、カップ、テーブルクロス、ナプキン、トランプ、ブラックインク、時計（腕時計、置時計）、タオル、小型三輪車、革ベルト製品

・服装品……婦人物の服装品、綿、ウール製品、ネックレス、ブローチ

・機械器具……鉄管、ガス管、コルク、スチール、レンガ製造機

仕入先は、イギリス、アメリカ、フランス、フィリピン（当時はスペイン領）の商会でしたが、計の「世界のベス

明治屋の先進性を示す一例として、コーラがわかりやすい。同社は、日本で初めてコーラを輸入し、世に広めた。写真は初輸入時、コーラを飾ったショウウインドー（大正８年）。

ト（最良品）を売る」という信念から、ひとつの商会にあらゆるものを注文せず、ひとつずつ、それを専門得意とする商店から購入することを心掛けました。

　こうして計の事業は順調に拡大していきますが、なかでも計が重点を置いたのが開国以降日本で徐々に飲まれるようになっていたビールでした。明治二十一（一八八八）年、計はキリンビール株式会社の前身であるジャパン・ブルワリー・カンパニーと一手販売契約を交わし、以後生涯を賭けて「キリンビール」の販売に意を注いでいくことになります。

第三章　「キリンビール」の一手販売

一、日本ビール産業の始まり

日本人とビールとの出会い

ここで日本のビール産業の始まりについて紹介しておきましょう。日本におけるビールとの関わりを示す最も古い記録は、慶長十八（一六一三）年に長崎・平戸に入港したイギリス船グローブ号の積荷リストとされています。また、江戸時代中期、長崎通詞の今村市平衛と名村五平衛がオランダ人から得た海外事情をまとめた『和蘭問答』*（享保九（一七二四）年刊）には、「麦酒給見申候処、殊外悪敷物にて、何のあぢはひも無御座候、名はビイルと申候」と、オランダ商館*長の一行が江戸での宿泊先でビールを飲んでいたときの様子が記されています。その後、江戸時代後期になると蘭学者が著した書物にはビールについての記述もみられるようになりますが、とくに蘭方医の川本幸民*は、オランダの書物を研究し、日本人で初めてビールを試醸したといわれています。

『和蘭問答』
日本人が初めてビールについて書いた書物とされている。また、そこには「右コップ、三人一所によせ、ちんちんとならし合わせ候」と乾杯をしているような記述もみられる。

オランダ商館
江戸時代に平戸（後に出島）に置かれた、オランダ東インド会社の支店。

川本幸民
摂津国（現・兵庫県）生まれ。蘭学者。江戸で医学・蘭学を学び、医師となる。また、物理・化学にも精通し、その分野の翻訳も多い。ビールの醸造については農芸化学書『化学新書』にある。文化七（一八一〇）年～明治四（一八七一）年。

日本人に広くビールが認識されるようになるのは、嘉永六（一八五三）年のペリー来航とそれに続く開国以降のことです。居留地*に住む外国人向けにビールの輸入が始まり、さらに文明開化の風潮のなかで西洋の食文化が導入されていくと、日本人にも少しずつビールが飲まれるようになっていきました。当時の日本人にとって、ビールは西洋の象徴といえるハイカラなものでした。

このようにビールに対する需要は少しずつですが、着実に増えていきました。しかし、輸入ビールは高価で、しかも輸送に日数がかかったため品質も大変低いものでした。そこで、明治初め頃になると日本でもビール醸造を試みる動きが見られるようになります。

コープランドとスプリングバレー・ブルワリー

日本でビールを醸造する動きは、最大の貿易港で、外国人居留地があった横浜で始まりました。居留地に住む外国人によって、明治初年からいくつかの醸造所が開設され始めたのです。そのうちのひとつが、明治三（一八七〇）年頃、横浜山手の天沼に設立されたスプリングバレー・ブルワリー（以下、スプリングバレー）です。

このスプリングバレーは日本ビール産業の創始とされており、設立者は同地居留アメリカ国籍のノルウェー人、ウィリアム・コープランド*でした。製品は主に横浜居留地に

居留地
外国人の居住や通商のための専用特別区。安政五（一八五八）年の修好通商条約に基づく神奈川（横浜）、長崎、箱館、兵庫（神戸）、新潟の開港、東京と大阪の開市に伴い設置された。当初は日本人とのトラブルを避けるため隔絶された空間だったがすぐに交易を中心とする交流の場として変貌した。明治三十二（一八九九）年に廃止された。

ウイリアム・コープランド
ノルウェー生まれ。ビール醸造技師。元治元（一八六四）年来日。運送業などを営んだ後、明治三（一八七〇）年にスプリングバレー・ブルワリーを開設。天保五（一八三四）年〜明治三十五（一九〇二）年。

スプリングバレー初期の陶製の瓶。同社はドイツ風ビールやエールビールなどを製造・販売していた。

住む外国人に販売されていましたが、後に日本人にも飲まれるようになり、「天沼ビアザケ」の愛称で親しまれるようになります。

スプリングバレーの経営は、当初順調でした。コープランドは優秀な技術者であり、彼のつくるビールは横浜だけでなく、東京、神戸、長崎、函館などでも販売されました。さらには上海、香港、遠くはサイゴン（現・ホーチミン市）にまで輸出されたといいます。明治八年には自宅の庭に、日本で初めてのビアガーデンを開き、横

NOTICE.

THE undersigned beg to inform the Public that they have this day joined in business, which will henceforth be carried on under the name and style

of

Copeland & Wiegand,

AT THE

SPRING VALLEY BREWERY,

No. 123, Bluff, only.

WILLIAM COPELAND,
E. WIEGAND.

Yokohama, June 14th, 1876. 2m.

Ale, Beer, Porter, &c.,

Will after this date be Supplied at the following rates:

Lager Beer, & Bavarian Beer— per Gallon	$	cts. 50
Pale Ale and Porter .. ... ,, Hhd.	25	00
do. do. ... ... ,, Barrel	18	00
do. do. ... ... ,, K'kin.	10	00
Pale Ale, Ginger Ale, Lager Beer, Bavarian Beer and Porter— per Doz. Quarts	2	00
do. do. ,, ,, Pints	1	00
Bock Beer, ... ,, ,, Quarts	2	50
Do. ... .. ,, ,, Pints	1	50
Best Malt Vinegar for Pickling purposes ... .. per Gallon ...		50
Yeast and Barm .. ,, Quart ...		10

Raw Spirits, Shellac and all kinds of Brewing Material, always on hand and for sale.

☞ Orders sent to the Office No. 123, Bluff, or to the Depôt, No. 88, Yokohama, will receive immediate attention.

No Beer delivered on Sunday from either places.

All accounts for payment must be presented at the office No. 123, Bluff, between the hours of 9 A.M and NOON, on the 12th day of the month, when and where they will be paid.

COPELAND & WIEGAND.

Yokohama, June 14th, 1876. 2m.

スプリングバレーの発売広告。初期は、居留地の外国人向けに販売された。

日本ビール産業の祖、W・コープランド。記録では明治3年にスプリングバレーを創業した。

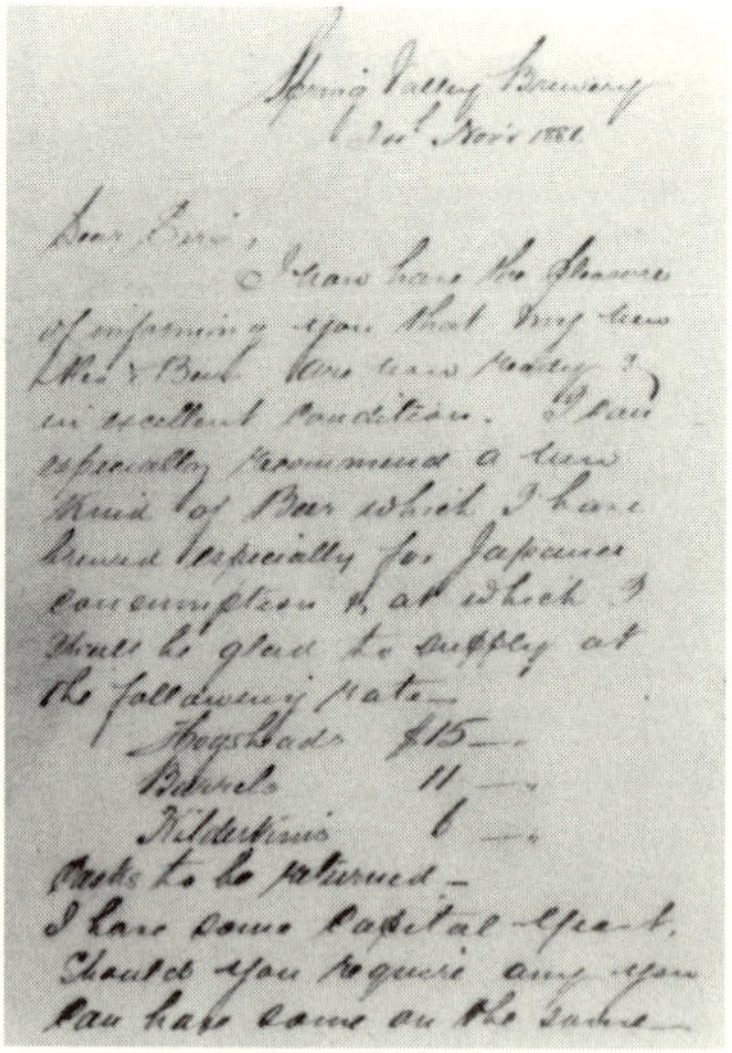

Spring Valley Brewery

Hogsheads $15

Barrels 11

Kilderkins 6

Casks to be returned

コープランドが明治14年、日本人向けのビールを初めて販売したときの記録（手紙）。

浜に駐屯していた外国の軍人たちで賑わいました。

しかし、明治十三（一八八〇）年以降経営が急激に悪化してしまいます。その理由として、コープランドが共同経営者ヴィーガントと対立し、米国領事裁判所に訴えられたことが挙げられます。裁判自体はコープランドの勝訴に終わりましたが、ヴィーガントとのパートナーシップは解かれ、建物、設備、在庫などはいったん競売にかけられてしまいました。コープランドはこれらを自ら買い戻しましたが、このとき巨額の金を借り入れなければならず、加えて裁判を起されたことによって世間の評判は落ち込み、売り上げが減少していったのです。結局、明治十七年にコープランドは破産宣告を受け、スプリングバレーの製造設備と在庫品は競売にかけられることになりました。

またこの間、ビール事業に関心を持ち、醸造所を設立する日本人が各地に次々と現れました。例えば、明治五年には大阪で渋谷《しぶたに》庄三郎が「渋谷ビール」を、明

ドイツ風ビール（ババリアンビール）のラベル

ヴィーガントとの共同経営時代の
ラガービールのラベル

日本人の妻・ウメと共に、横浜の外国人墓地に眠る
W・コープランド。

桜田ビール

三ツ鱗ビール

明治18年頃の横浜・山手の醸造所。横浜天沼の湧水は良質なビールの醸造を可能にした。ジャパン・ブルワリーはその清水を引き継いで創立された。

治七（一八七四）年には甲府で野口正章が「三ツ鱗ビール」を、明治十二年には金沢三右衛門が「桜田ビール」をそれぞれ醸造・販売しました。そして明治九年には、北海道開拓使が開拓使麦酒醸造所（官営）を創設し、翌年に東京でビールの払い下げ（官から民への販売）が開始されました。しかし、開拓使麦酒醸造所以外のビール醸造所は、規模が小さく十分な売り上げを得ることができず、設備や技術も未熟なものでした。

二、「キリンビール」総代理店へ

ジャパン・ブルワリーの創業

公売にかけられたスプリングバレーの土地と水を引き継いで、つまり跡地に設立されたのがジャパン・ブルワリーです。その中心となったのは、横浜の英字新聞『ジャパンガゼット』のオーナー、ウイリアム・タ

ジャパン・ブルワリーの「会社概要」（右）と「創立目論見書と取締役会議事録」（左）。日本は不平等条約下にあり外国人は資産を取得できなかったため、外国籍法人にすることなどの議決が記載されている。

ルボットと証券・金銀塊ブローカー、エドガー・アボットの二人のイギリス人でした。彼らが発起人となり、明治十八（一八八五）年七月に香港籍英国法人のジャパン・ブルワリーが設立されたのです。資本金は五万ドルでした。

二人は、日本人が肉やパンなどを食べるようになったためビールの消費が今後ますます増えると見ていました。さらに五か国条約改正の機運の高まりから外国人が居留地以外でも事業を行えるという見通しもあり、規模と設備を備えたビール会社をつくる利点は十分にあると判断したのです。

取締役会議長には横浜で貿易商を営むイギリス人ジェームズ・ドッズ（後に会長）が就任しました。原料や資材の調達はドイツ人のカール・ローデが担当します。そして、ドイツから醸造技師のヘルマン・ヘッケルトを招き、明治二十一年二月に一回目の仕込みを行いました。彼らは本場のドイツ風ビール造りにこだわ

勤王の志士たちと親密な関係にあり、明治新政府に対して影響力の大きかったグラバー（後列右）。彼との親交は明治屋を後押しした。中央は、後述する磯野長蔵と菊夫妻。

ったのです。

また、貿易商トーマス・グラバーもジャパン・ブルワリー設立に深く関わった人物のひとりです。グラバーは安政六（一八五九）年に来日し、薩摩、長州、土佐、肥前などの勤皇倒幕諸藩に、大量の武器弾薬、船舶等を売り込んで巨利を獲得した人物です。そして明治維新後、政府の「富国強兵」、「殖産興業」政策に協力し、三菱財閥の創始者、岩崎弥太郎とも親交を結び、三菱の顧問格でもありました。彼は競売中のコープランドの工場に着目し、タルボットらに買収を勧めてもいたのです。

ジャパン・ブルワリーの設立に際して、グラバーは役員に就任し、日本人株主として岩崎弥之助を参加させました。また、明治十九（一八八六）年にジャパン・ブルワリーが製氷機械と冷却装置を設置するために資本金を七万五〇〇〇ドルに増資する際、グラバーは新たに*荘田平五郎（三菱社本店支配人）、*益田孝《たかし》、*渋沢栄一、*大倉喜八郎ら九名の日本人を株主に加えたのです。

荘田平五郎
豊後国（現・大分県）生まれ。三菱の大番頭。銀行・海運業務に尽力。弘化四（一八四七）年～大正十一（一九二二）年。

益田孝
佐渡（現・新潟県）生まれ。三井の大番頭。三井物産社長。嘉永元（一八四八）年～昭和十三（一九三八）年。

渋沢栄一
武蔵国（現・埼玉県）生まれ。実業界の指導的役割を果たす。天保十一（一八四〇）年～昭和六（一九三一）年。

大倉喜八郎
越後国（現・新潟県）生まれ。大倉財閥の創設者。天保八（一八三七）年～昭和三（一九二八）年。

ジャパン・ブルワリーと一手販売契約を結ぶ

安政五（一八五八）年に締結された日米修好通商条約とそれに続く諸外国との不平等条約によって、外国人の居留地以外での雑居は許されていませんでした。それゆえ外国法人であるジャパン・ブルワリーが居留地以外でビールを販売するためには、日本人の経営する代理店を通さなければなりませんでした。ジャパン・ブルワリーは、横浜山手周辺への販売と輸出を直轄とし、長崎では外国商館を代理店に任命する一方、これらを除く内地販売のための代理店選定に着手します。そして、明治二十一（一八八八）年五月に総代理店に指名されたのが、計の明治屋だったのです。

ジャパン・ブルワリーが明治屋と契約を結んだ理由は、グラバーの推薦もありましたが、それ以上にタルボットの存在が大きかったといいます。彼はジャパン・ブルワリーの書記を務めていましたが、日本郵船の顧問でもあり、計とは既知の間柄だったのです。さらに、計は以前からタルボットにジャパン・ブルワリーの代理店を引き受けたいという書簡を送ってもいました。計の願いにタルボットが応えたのです。

当時ビールはまだ高級品だったため、消費が増えているとはいえ、まだまだごく一部の人々にしか飲まれていない状況でした。しかし、計は、洋食の広まりと共に、ビールはいずれ日本に普及していくと考えていました。それゆえ、ジャパン・ブルワリーの一手販売を担当することを強く願っていたのです。

そして、明治二十一（一八八八）年五月一日に開かれた重役会で代理店を選定する際、タルボットは計のことを「最も信頼し得る人物であり、適当な保証金の供託があれば、磯野氏と契約を結ぶことはわが社にとって非常に有利である」と評し、承認を得たのです。そしてジャパン・ブルワリーと計の両者は、同年五月七日の重役会で正式に契約を交わします。その席上、計は「可能なるあらゆる手段を尽くして、ビールの拡売に努力する」と宣言しています。

なお、総代理店契約は一二項目からなっていました。主な内容は、一．横浜及び長崎を除いた日本の全地域の総代理店であること、二．総代理店はその得意先が生産会社の公表する価格及び割引に従って販売すること、三．総代理店の手数料は、容器代（壜、箱代）を除いたビールの中身価格の五パーセントとすること、四．販売したビールの代金回収については、総代理店たる明治屋が全責任を負うこと、五．宣伝広告費は、総代理店の販売業務が確立するまで年ごとに総額を決定し、ジャパン・ブルワリーと磯野が折半負担する、というものでした。また、計は契約を履行するのに十分な資産を有しておらず（代理店には代金回収の責任が伴うことから）、万一の場合を考えて、三菱社の豊川と外務省の鶴原定吉《さだきち》*が五万円まで個人保証することを定めました。

鶴原定吉
筑前国（現・福岡県）生まれ。政治家、実業家。外務省勤務後、日本銀行に入行。後に大阪市長、衆議院議員を務める。安政三（一八五七）年～大正三（一九一四）年。

恵比寿ビール
明治二十三（一八九〇）年二月に日本麦酒醸造（現・目黒区三田）から発売。明治三十四年にビール専用出荷駅「恵比寿停車場」を開設したが、同三十九年に旅客国有鉄道（現・JR）の駅となる。その際ビールの商標にちなんで駅名を「恵比寿」と命名、周辺の地にも使用されるようになる。

ところで、明治二十年前後には、ジャパン・ブルワリー以外にも本格的な会社組織を備えたビール会社が相次いで誕生しました。財閥や有力な資本家がビール産業の将来性に着目し、業界参入を企図したのです。この時期は日本経済における「民間企業の勃興の時代」ともいえます。

そのうちのひとつに、明治二十年九月に東京の中小企業家たちが合同で設立した日本麦酒醸造会社（「恵比寿ビール」を製造）があります。同社は販売不振などで一時経営危機に陥りましたが、三井物産専務の馬越恭平*らが経営に参加して、事業基盤を整理しました。また、明治九年に開業した官営の開拓使麦酒醸造所は、明治十九年に大倉組商会へ払い下げられ、明治二十年十二月、新たに札幌麦酒会社（「サッポロビール」を製造）として生まれ変わりました。関西では、明治二十二年に大阪の酒造業者であった鳥井駒吉*を中心に大阪麦酒会社（「アサヒビール」を製造）が設立されています。

馬越恭平
備中国（現・岡山県）生まれ。実業家。「日本のビール王」。三井物産を経て、日本麦酒醸造社長に就任。大日本麦酒設立後、初代社長となる。天保十五（一八四四）年～昭和八（一九三三）年。

鳥井駒吉
和泉国（現・大阪府）生まれ。実業家。ビールの将来性に着目し、酒造家から転身。嘉永六（一八五三）年～明治四十二（一九〇九）年。

三、「キリンビール」販売活動

「キリンビール」の銘柄と発売

明治屋は、明治二十一（一八八八）年五月、ジャパン・ブルワリーが製造したビール

明治21（1888）年、「キリンビール」が発売されたときのラベル。

発売の翌年（明治22年）のラベル。麒麟の図が入ったデザインに変更され、現在のラベルの原型となった。

を「キリンビール」と名付けて販売を開始しました。

「キリンビール」の銘柄は、荘田平五郎が提案したものでした。荘田は岩崎弥太郎の妹の長女の婿で、三菱の最高経営者となり、とくに三菱の重工業の発展に尽力した人物です。彼の「西洋では狼とか猫の顔なんぞがついているが、東洋には麒麟という霊獣があるのだから、それを商標にすべし」との説が採用されたのです。

ただ、トレードマークについては、当初は麒麟の背景に旭光《きょっこう》を配したもので麒麟であることがわかりにくかったという問題がありました。そこで発売から一年後、グラバーの改善提案を受けた計が、「天翔ける麒麟」という現在とほぼ同じデザインに変えたのです。

特約店網を整備

総代理店になった明治屋は、以前から船舶会社へ食

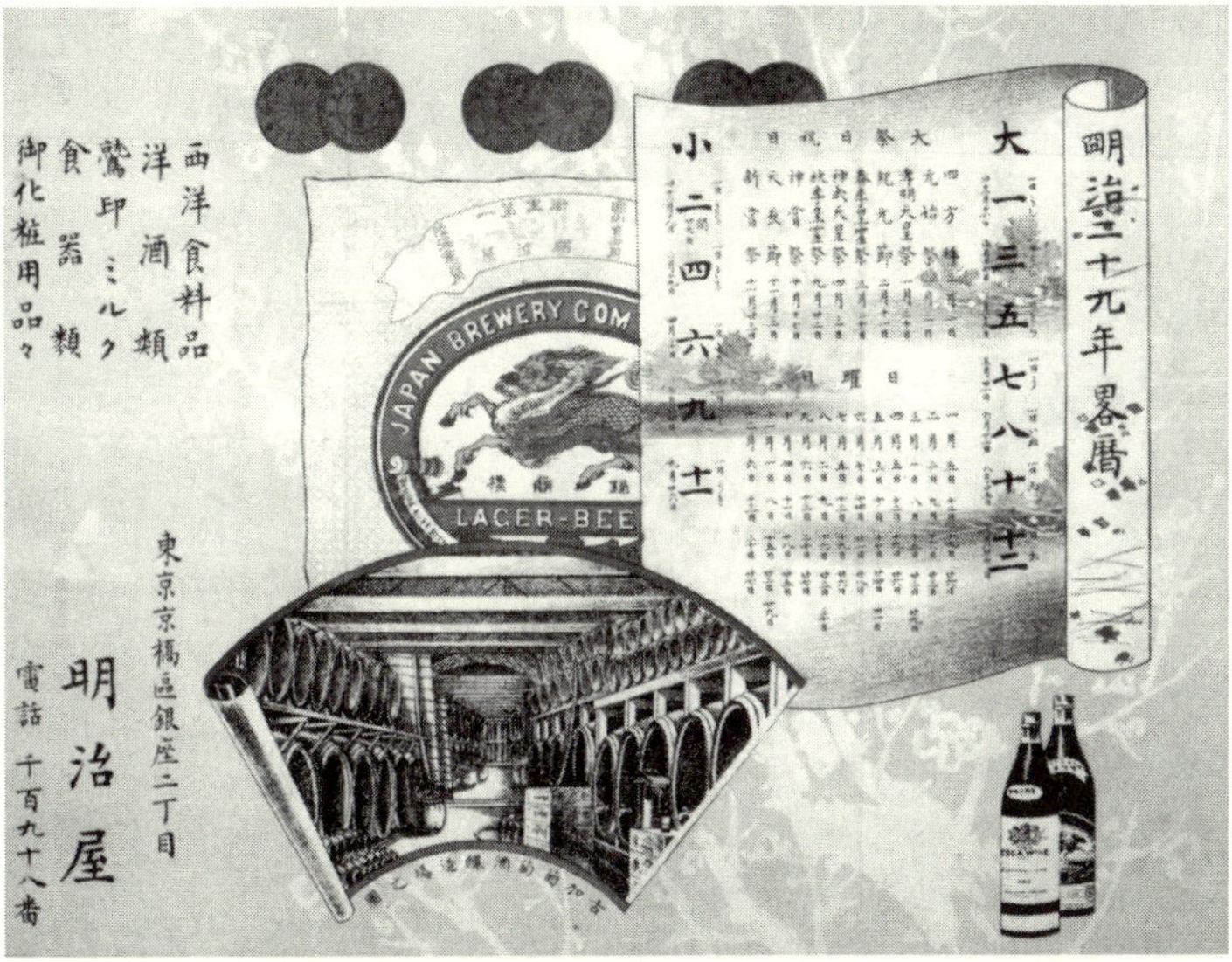

明治屋の広告チラシ。注）写真は、明治29年作成のもので発売から8年後の広告になる。

料品や雑貨品を納入していた関係で、横浜をはじめ、神戸や長崎などの貿易港に独自の特約店網を有していました。「キリンビール」の販売について、計はまず横浜を主力販売地域とし、徐々に広げていく方針を採りました。そして明治二十三（一八九〇）年に、全国を六〇の地区に分割し、一地区に一または二以上の地区別代理店を設置する計画を立て、販売網の拡充に乗り出しました。なお、初年度の取扱高は、約一万二〇〇石（二一万六〇〇〇キロリットル）でした。

先の数値が示すように、広くビールが飲まれている現在の状況（平成十八年での業界全体のビール出荷量は約六三〇万キロリットル）と、当時のそれとは大きな隔たりがあります。前述のように、ビールは贅沢品であり、築地の外国人居留地や、築地と上野の精養軒など、限られた飲食店でのみ飲めるものでした。

それゆえ東京では日本麦酒をはじめ、いくつかのビール会社が販売ルートの開拓にしのぎを削ります。計

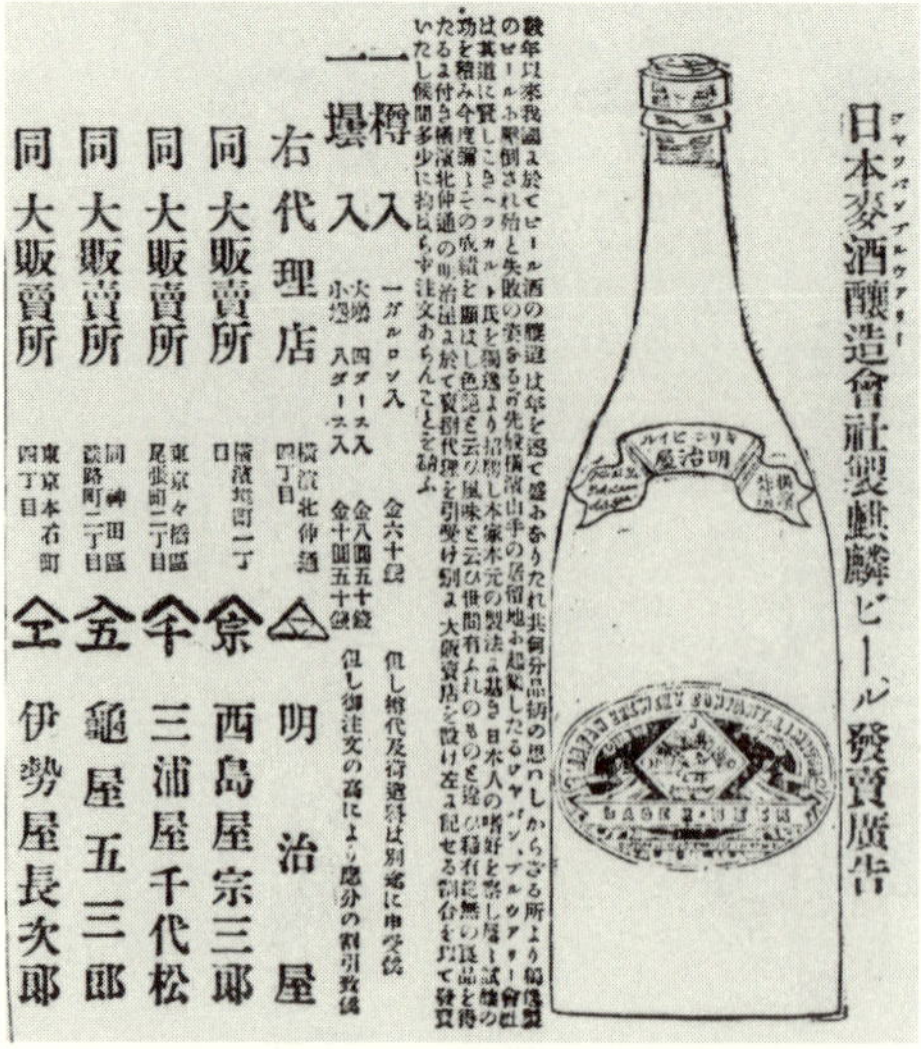

明治21年5月に出されたキリンビールの広告。3日にわたって『横浜毎日新聞』に掲載された。

もジャパン・ブルワリーの要請・資金援助を受けて、明治二十四（一八九一）年に築地居留地に近い木挽町（現・銀座南東部）に出張所を開設しました（翌年銀座二丁目に移転し、その後支店に昇格）。計はここを基点として、東京及びその周辺の販売活動に努めたのです。

この販売活動は「キリンビール」の品質の良さと後述する計の巧みな広告宣伝もあり、成功します。明治二十五年十月付のある新聞に「ビールの消費者は官僚と軍人が最も多く、二十五年の宇都宮大演習には横浜のビール商明治屋は同地に出張して莫大な利益をあげた」という記事が掲載され、明治屋の関東圏における躍進を伝えています。

また、関西では大阪麦酒会社らに対抗するため、明治二十五年にジャパン・ブルワリーの融資を得て、大阪市に明治屋の支店倉庫を開設し、神戸ではもともとある特約店網を利用するなど、関西での販売も強化しています。しかし、ジャパン・ブルワリーが外国人代理店に任せていた長崎をはじめ、九州各地での販売には苦労します。とはいえ、これも日清戦争後、居留外国人が退去すると、すぐに販売特約店を設置するなど、全国での販売を確実なものにしていきました。

キリンビール株式会社に現存する、最も古い石版刷りポスター。明治36年のもの。

広告宣伝活動の展開

販売面でとくに計が気を配ったのは広告宣伝活動でした。なぜなら、ビールは、日本人にとってこれまでにないまったく新しい飲料であり、まして当時のビールは現在のものよりもホップが強く、必ずしも日本人の嗜好に合ったものではありませんでした。それゆえ、一部の愛飲家や西洋の新しい文物に意識の高い人を除いては、「新しい味」そのものがビールを広く普及させるうえでの大きな妨げになっていたのです。

ビールを受け入れてもらうために必要なのは、実際に人々に手にとってもらい、その味に慣れ親しんでもらうことでした。そのためにはビールがいかに魅力的であるかを伝える「イメージ」作りが大切だったと言えます。

広告宣伝活動における、計の戦略は巧みでした。まずは、他社に先んじて、広告宣伝に重点を置いた販売促進を図ります。その当時、広告及びマーケティングは現在のように成熟したものではなく、ペテンまがいのものとして受け止められていました。しかし、計はその宣伝広告に、惜しみなく巨額の資金を投じます。吉と出るか凶と出るか、効果を図り難い広告宣伝に大金を投じた計の決断は、周囲にとって信じ難いものだったはずです。しかし、新しい飲料であるビールを人々に知らせるには、サミュエル・ホールの「アイドマの法則」を挙げるまでもなく、まずは「認知」が必要であり、計の英断は誠に理に叶ったものでした。

その詳細を順に追ってみます。まず計は「キリンビール」発売と同時に、『時事新報』や『横浜毎日新聞』に新聞広告を掲載しました。例えば、明治二十一（一八八八）年五月二十八日の『時事新報』に載せられた「日本麦酒醸造会社製麒麟ビール発売広告」では、ジャパン・ブルワリーのビールがドイツ風の優れたものであることを強調すると共に、明治屋がそれを代理として販売する旨を宣伝しました。

「数年以来我国に於てビール酒の醸造は、年を逐て盛になりたれ共、何分、品柄の思はしからざる所より、独逸製のビールに圧倒され殆んど失敗の姿なるが、先般、横浜山手の居留地に起業したるジャパン・ブルワリー会社は、其道に賢しこきヘッカルト氏を、独逸より招聘し、本家本元の製法に基づき、日本人の嗜好を察し、屢々試醸の功を積み、今度、弥々その成績を顕はし、色艶と云ひ、風味と云ひ、世間の有ふれのものと違ひ、稀有絶無の良品を得たるに付き、横浜北仲通の明治屋に於て、売捌代理を引受け、別に

アイドマ（AIDMA）の法則
Aは注意（Attention）、Iは興味（Interest）、Dは欲求（Desire）、Mは記憶（Memory）、Aは行為（Action）を指し、消費者の購買心理過程を表したもの。

時事新報
明治十五（一八八二）年三月に福沢諭吉が創刊した日刊新聞。慶応義塾出身者が運営にあたる。

横浜毎日新聞
明治三（一八七〇）年十二月に横浜で発行された日本最初の邦字日刊新聞。昭和二十年に他紙に吸収合併される。現在の毎日新聞とは関係ない。

大阪売店を設け、左に記せる割合を以って発売いたし候間、多少に拘わらず注文あらんことを請ふ」。

当時の広告において、こうした企業の真摯な姿勢や商品製造など内情を丁寧に紹介した広告は稀でした。その点において、この広告はビールが信頼にたる商品であり、ひいてはビールがどのような飲み物であるかを人々に広く訴求したのです。

明治23年6月13日の『東京日日新聞』に掲載された新聞広告。高品質であること、輸出実績もあることなどが謳われている。

外国のＰＲ方式を採用

広告宣伝活動は先の新聞だけでなく、雑誌をはじめ、博覧会、街頭宣伝、店頭看板、立看板、板囲い広告、ポスター、鏡、団扇、マーク入り持ち物など、さまざまな媒体を通じて行われました。

それだけではありません。計の広告宣伝活動がとくに優れていたのは、その斬新な手法にありました。その一例を挙げると、大阪では音楽隊を結成し、人力車の上で演奏するというユニークな宣伝活動を行っています。また、横浜市内のビール配達には、白塗りのワゴン（幌馬車）を用い、白馬に引かせました。ワゴンには「キリンビール」のマークを描き、「一手販売店明治屋」と大きく書かれていたのです。ワゴンの宣伝効果は抜群で、横浜の名物にまでなりました。また、マーク入りガラスコップや給仕盆などを客に配布するなど、欧米に範を取り、日本ではめずらしい宣伝媒体を積極的に活用しました。

また、明治二十二（一八八九）年四月十日に行われたジャパン・ブルワリーの重役会で、計は、主要都市の駅に額縁付ポスターを掲載することを提案し、認められました。

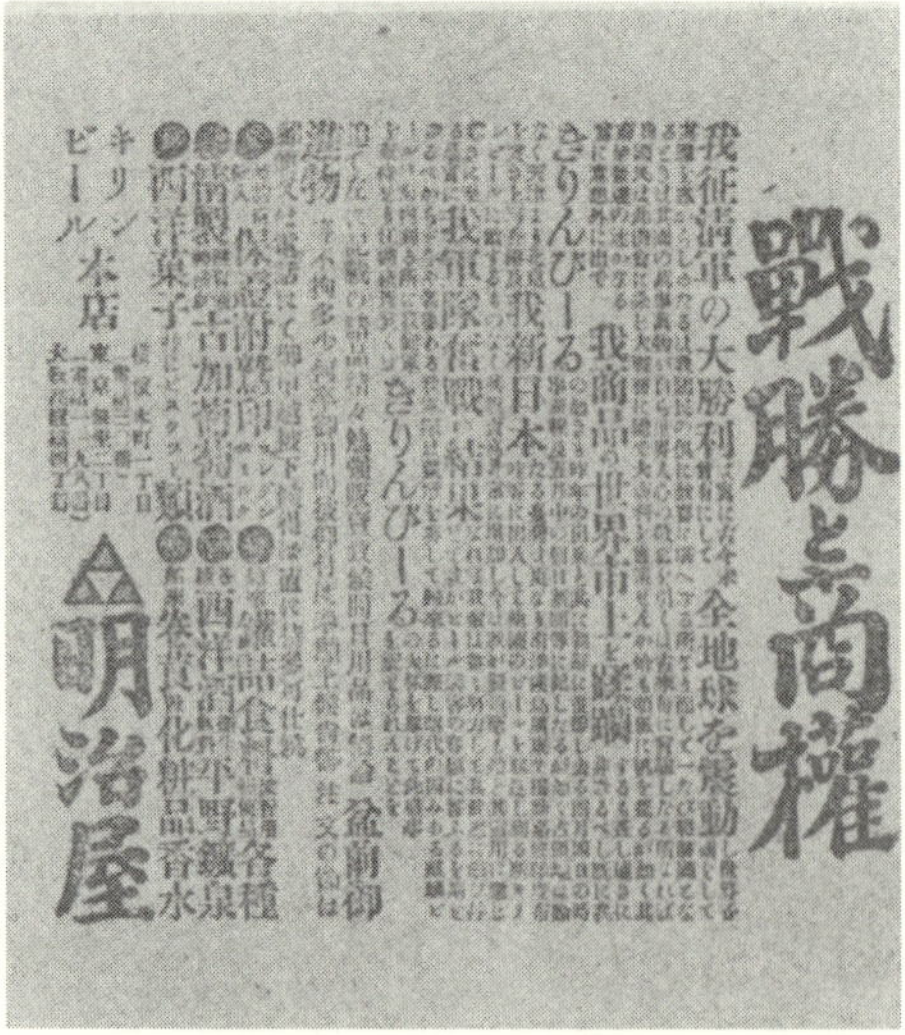

日清戦争直後の明治28年7月2日、『時事新報』に掲載された広告。「戦勝と商権」は後述する米井の筆による。

とくに新橋駅と横浜駅には当時ではめずらしい電飾（イルミネーション）看板を設置しました。駅舎の脇に設置された大型の電飾看板は、看板の周りを取り囲んだ豆電球が点滅する仕掛けで、それにより看板の文字が浮かび上がったり、消えたりしました。現代では当たり前の仕掛けですが、それまで前例のなかったこの電飾看板が話題にならないはずがありません。そのうえ、「斬新」＝「新しい飲料・ビール」というイメージを人々の心に抱かせることに成功したのです。ちなみに明治二十二年には、グラバーの勧めもあり、両駅に食堂を開設し、ビールの販売も始めています。

明治二十三年四月に上野公園で開催された第三回内国勧業博覧会*では、立看板などで宣伝する一方、大きな樽の形をしたティーハウスを出店して、その中でビールを提供しました。その際、当時新橋で有名な芸者ぽん太が「キリンビール」のロゴ入り団扇を持っている美人画のポスターを配りました。これも計のアイデアで、わが国の美人画ポスターの先駆とされています。

博覧会は時代の先端を行く産業の展覧会であり、何より、多くの人々が訪れるため、ビールにとって絶好の宣伝場所になることはいうまでもありません。計だけでなく多くのビール会社は、この場を利用して宣伝に知恵を絞りました。なお、博覧会には国産ビールが八三点出品されましたが、「キリンビール」は「エビス（恵比寿）」「浅田*」と共に三等有功賞を受賞しています。ビールのなかでは最高位でした。

こうした明治屋の広告宣伝活動とも相まって、明治二十三年に三一〇〇石余りであったジャパン・ブルワリーのビール生産高は順調に推移し、明治三十年には一万二五〇〇石にまで伸長しました。

この成功により、計のジャパン・ブルワリーにおける発言力は強くなっていきました。ジャパン・ブルワリーの重役会において、計は販売に関する報告書や要望書を提出しましたが、先の駅のポスター掲載のときのように計自身も時間があればできる限り出席して意見を述べました。とくに広告宣伝活動を活発に行うこと（お金をかけてもらいたい

内国勧業博覧会
明治政府の殖産興業政策の一環として開かれた内国物産、美術・工芸品の博覧会。日本の産業技術の発達に大きな役割を果たす。第一回（明治十（一八七七）年、東京）、第二回（明治十四年、東京）、第三回（明治二十三年、東京）、第四回（明治二十八年、京都）、第五回（明治三十六年、大阪）の五回開催された。

浅田ビール
明治十八（一八八五）年に浅田麦酒醸造所から発売。同社は明治十七年に東京の浅田甚右衛門が公売に出されたスプリングバレー・ブルワリーの設備一式を購入して開設。コープランドの助手を数名雇用したといわれる。明治四十五年に廃業。

こと）を要請しました。また、妥協を許さない計は「キリンビール」について「苦すぎる」、「味落ちしている」などの意見があることを報告し、他社よりも消費者に受け入れられるビールをつくるよう要求するなど、より深くジャパン・ブルワリーに関わっていくようになります。

計。明治28年頃に撮影された写真。

四、清涼飲料事業に着手

磯野商会の設立

計は旺盛な事業欲の持ち主でした。日頃から明治屋の社員たちに、明治屋の事業は生涯の目標とする大事業からみれば有力な事業であるがその一部分にすぎない、だから他の事業も手掛けていきたい、と語っていました。また「必ず丸の内に中央事業局を建て大事業を始めるであろう」とも語っていたといいます。明治二十年代後半は、日清戦争後の日本経済の好況期でもあり、計の事業欲はさらに刺激されたに違いありません。事実、計は事業の多角化に着手していきます。

アルバート・リチャード・ブラウン
イギリスのP・O汽船会社の一等航海士として勤務し、その後日本郵船会社の総支配人に就任。イギリス帰国後は日本領事を務める一方、A・R・ブラウン・マックファーレン商会を設立し、貿易業を営む。

グラバー（右）とブラウン（左）。

明治二十七（一八九四）年、磯野計は明治屋と別に「明治屋輸出入店」を横浜に設立し、主に鋼鉄や機械類の輸入販売に着手しました。この当時の日本経済の「工業化」に必要な機械器具の輸入を企図したのです。とくに造船用資材の輸入販売を主要業務としました。

また、明治二十八年八月には明治屋でゴム製品の輸入に従事していた広瀬角蔵《かくぞう》を帯同して、欧米視察に出かけています。紅茶、菓子、洋酒、缶詰などの調査・研究のほか、造船、機械製作等の著名な製造工場を見学しました。そして、このとき以前から親交のあったイギリス・グラスゴーに住むアルバート・リチャード・ブラウン*を訪ね、「明治屋輸出入店」の業務を拡大するための相談をしました。ブラウンは計にアドバイスすると共に、彼の経営する貿易会社「A・R・ブラウン・マックファーレーン商会」の中に、海外の拠点としての事務所「H・ISONO&CO.」を設置してくれたのです。

一方、広瀬も計に命じられてゴム製造工場の見学やウスターソースの輸入調査にあたりました。ちなみに日本へのソースの輸入が本格的に始まったのは、明治屋が明治三十三年にウスターソースの輸入を行ってからです。広瀬はウスターソースの液状が醤油に似ているうえ、塩辛さと酸っぱさの複合した味が日本人の味覚に合うことを発見し、計に輸入を勧めたのです。

明治二十九（一八九六）年五月に帰国した計は、欧米視察で得たヒントを元に「明治屋輸出入店」の取扱品を精力的に広げ、これが奏功し、経営は一気に軌道に乗りました。それと同時に同店を改組して「磯野商会」とします。明治三十年一月のことです。本社を東京・銀座に置き、グラスゴーのH・ISONO&CO.を支店としました。また、このとき三菱の豊川が計の事業拡張のテンポが速すぎることを心配し、万一の場合を考えて協同者を置くことを忠告しました。そこで米井源治郎ら二人が協同者として加わり、三人の共同事業となったのです。米井は文久元（一八六一）年、岡山県苫川郡高倉村（現・津山市）で生まれました。計の父方のまたいとこで、計とは三歳違いでした。慶應義塾在学時から計の事業に参加し、卒業と同時に明治屋に入社しています。入社後は計の補佐役として明治屋の発展に尽力し、岩崎家の弥之助、久弥*、三菱の豊川、近藤らの厚い信頼を得ていました。

銀座2丁目に建設された磯野商会本店（明治30年）。計の多角的な事業展開は、当時大変先駆的な経営手法だった。

岩崎久弥
土佐国（現・高知県）生まれ。弥太郎の長男。実業家。明治二十六（一八九三）年に叔父弥之郎と三菱合資会社を設立し、社長に就任。造船と鉱業を中心に事業を発展させる。慶応元（一八六五）年〜昭和三十（一九五五）年。

　磯野商会の取扱品目は、鉄道軌条、機関車及び付属品、各種鋼鉄及び諸金属材料、軍艦諸船舶、船材料及び需要品、電気・ガス・水力機械一式及び石油発動機、鉱山・水道・築港などの土木用機械器具、紡績・製紙・製糖・製鋼などの製造用機械器具、印刷機械などに広がっています。

　なお、同商会は計の死後、米井による単独の事業となり、明治三十九年に「米井商会」に名称変更されました。そして、昭和五十九（一九八四）年に「株式会社ヨネイ」となって現在に至っています。

米井源治郎。計の没後、その偉業を守り、同社のさらなる発展を導いた。

天然鉱泉「三ツ矢平野水」の製造販売

　計は明治屋と磯野商会のほかにも、天然鉱泉を用いた飲料「三ツ矢平野水《ひらのすい》」*の製造と発売、日本精製糖会社の創立参画、ゴム事業の開発など、さまざまなビジネスに従事していきます。

　まず天然鉱泉事業について見てみます。明治十七年に三菱商会が佐渡の鉱山と共に、兵庫県多田村平野（現・川西市平野）の銀山を宮内庁から引き受けたの

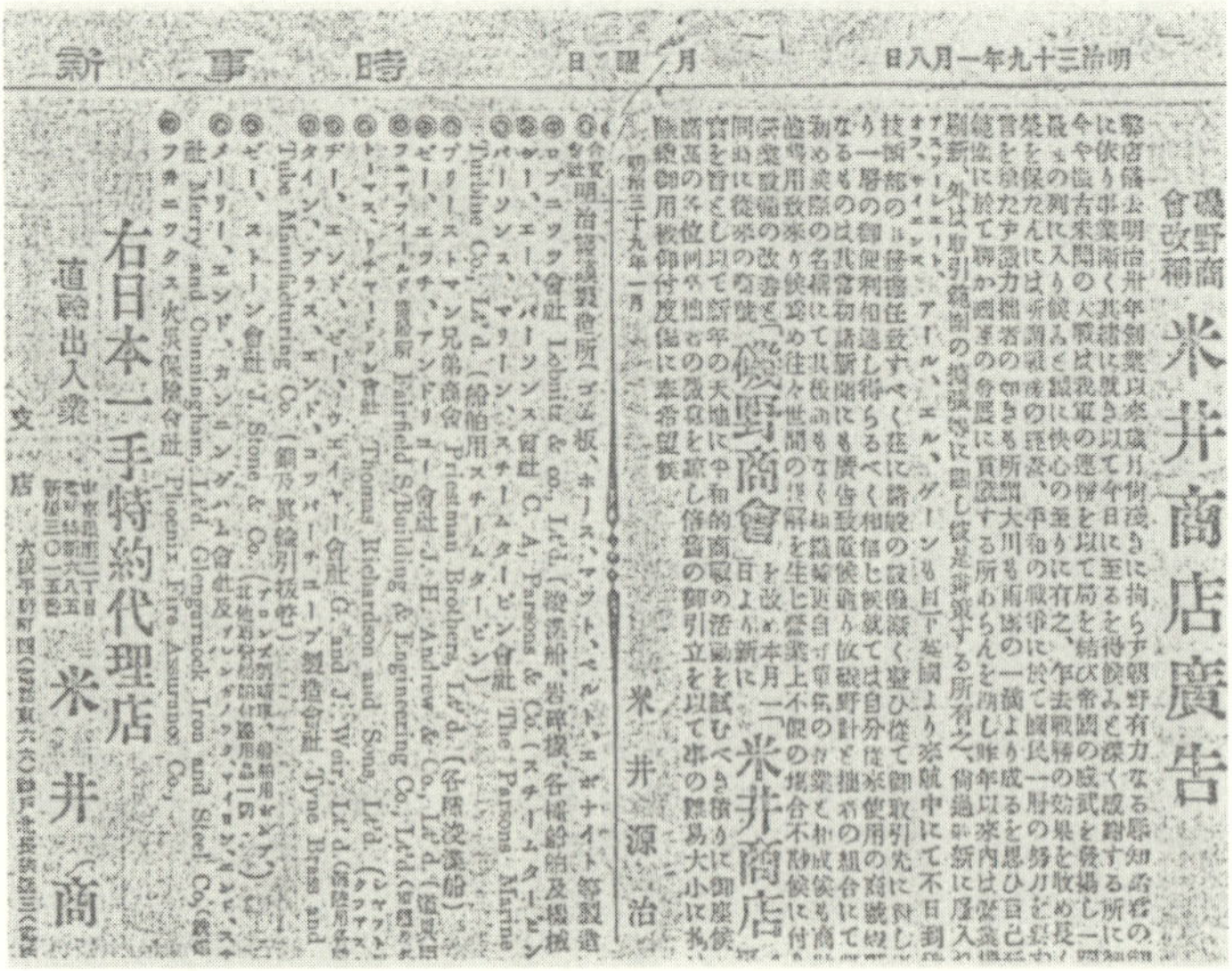

明治三十九年一月八日 月曜日 時事新

磯野商會改稱 米井商店廣告

「磯野商會」

「米井商店」

明治三十九年一月 米井源治

右日本一手特約代理店 米井商

『時事新報』に掲載された米井商店の社名変更広告（明治39年1月8日）。

がきっかけでした。その地に炭酸水が湧き出ていたため調査したところ、天然の鉱泉で、しかも良質なものであることが判明したのです。三菱商会はこれを「平野水」として同年に発売します。そして、これに着目した計が この鉱水の採取権を得て、明治二十二（一八八九）年十一月に明治屋から販売したのです。

ところで日本に初めて清涼飲料が伝えられたのは、嘉永六（一八五三）年にペリーが浦賀に来航したときといわれています。このとき伝えられたのは炭酸レモネードだったといわれ、その後、慶応元（一八六五）年に長崎商人の藤瀬半兵衛が、外国人から製造法を習い「レモン水」と名付けて売り出したものが、国産第一号の清涼飲料とされています。これはいわゆる「レモネード」でしたが、その後これが変じて「ラムネ*」になったといわれています。明治半ばには、炭酸を含有した飲料を飲めば、当時流行したコレラに感染しないという風説が流れたことからラムネが大ブームとなりました。「三ツ矢平野水」の発売は、ちょうどラムネブームの時期と重なり、販売は順調に推移したのです。

ちなみに天然鉱水販売の際、計はマークとして「一本矢」を使用しています。狩で脚を射抜かれた鳥がこの鉱水に傷口を浸したところ、やがて良くなって飛び立ったというこの地の伝説をヒントにしたものです。しかし、後に一本矢では面白くないということになり「三本矢」に改められて「三ツ矢平野水」または「三ツ矢タンサン」の名称で販売されたのです。計はこの「三ツ矢平野水」を明治二十八年四月に京都で開かれた第四回内国勧業博覧会にも陳列しました。

とはいえ、当時鉱水の需要は現在と異なり極めて少なく、販売量が思うように伸びませんでした。そこで計は明治屋による販売を打ち切り、三井物産に販売を依頼しましたが、それでも状況を変えることはできませんでした。その後「三ツ矢印」は、三ツ矢平野鉱泉株式会社（明治三十八年設立）、帝国鉱泉株式会社（明治四十年設立）へと引き継がれるなかで、次第に普及していきました。この帝国鉱泉は大正十（一九二一）年に*加富登《かぶと》麦酒、日本製壜と合併して、*日本麦酒鉱泉株式会社となり、その後、大日本麦酒株式会社に吸収されました。そして、昭和二十四（一九四九）年に大日本麦酒から朝日麦酒株式会社（現・アサヒビール）が発足し、三ツ矢印は同社から「三ツ矢サイダー」として発売されたのです。

次に計が創立に参画した日本製糖について見てみます。日本では当時、砂糖のほとん

三ツ矢平野水
「三ツ矢サイダー」の変遷は次のようである。平野水（明治十七（一八八四）年・三菱商会）→一本矢（同十八年・明治屋）→三ツ矢印平野水（同二十二年・明治屋、三ツ矢平野鉱泉）→三ツ矢平野シャンペンサイダー（同四十一年・帝国鉱泉）→三ツ矢シャンペンサイダー（大正十（一九二一）年・日本麦酒鉱泉、大日本麦酒、朝日麦酒）→三ツ矢サイダー（昭和四十三（一九六八）年）。

ラムネ
当初瓶はコルク栓を針金で縛っていたが、明治二十一（一八八八）年頃からビー玉で栓をする現在の形になった。ビー玉栓は同五年にイギリス人が発明。

加富登麦酒
明治二十（一八八七）年に設立された丸三麦酒を継承した会社。同社は愛知県の中埜酢店（現・株式会社ミツカン）社長四代中埜又左衛門の多角化戦略の一環として設立。ブランドは「カブトビール」。明治三十九年に根津嘉一郎（東武鉄道社長）が社長に就任する際日本第一麦酒に改称、ブランドはそのまま引き継がれたが、明治四十一年に加富登麦酒と改称。

日本麦酒鉱泉株式会社
加富登麦酒、帝国鉱泉、日本製壜の三社合同により成立。ビールは「ユニオンビール」、清涼飲料は「三ツ矢シャンペンサイダー」を発売。昭和八（一九三三）年、大日本麦酒に吸収合併される。

どを輸入に頼っている状況にありました。それを知った計は、日本の産業を自立させるためにも、生活に欠かせない砂糖を輸入に頼らず自国で精製することの必要性を感じ、わが国における製糖事業の確立を考えます。一方で、時を同じくして第一銀行*頭取だった渋沢栄一も、同様の考えを持っていました。渋沢は明治二十八（一八九五）年十二月、大阪に日本精糖株式会社の設立を主唱します。このとき計も同社の設立に協力したのです。具体的には、明治屋輸出入店（後の磯野商会）が工場に設置する砂糖製造に関する機械の輸入を担当しました。なお、日本精糖は明治三十九年十一月に東京の日本精製糖*株式会社と合併し、大日本精糖株式会社（現・大日本明治製糖）へと生まれ変わっています。

ゴム事業については、計はかねてより日本の将来においてゴムの用途は増していくだろうと考えていました。そのため、先述したように欧米視察旅行の際に、同行した広瀬角蔵にイギリスのゴム製造工場を見学させ、ゴム事業についての資料収集も命じています。そして、明治三十年に機が熟したと見た計は、ゴム事業の開発に着手します。しかし、この事業においてはその半ばで計が病に倒れたため、米井がこれを引き継ぐことになりました。そして明治三十三年二月に合資会社明治護謨製造所（現・株式会社明治ゴム化成）を東京・品川に設立し、ゴム製品の製造を開始しました。

他にも明治二十四年二月に三菱関係者の便宜もあって明治火災保険株式会社（後に東

京海上火災保険に吸収合併）の損害保険代理店第一号店となって保険代理業を営んだり、明治二十七年にはビール製造に必要な麦芽の製造工場を日本に設置する計画を立てるなど、旺盛な事業欲とその先見性を示す事例は枚挙に暇がありません。

五、磯野計の死

磯野計の急逝

明治三十（一八九七）年十二月九日、計は東京・広尾にある完成間近の自宅で親友と話していたときに体調の不良を訴えました。自身は風邪とばかり思っていましたが、友人の忠告に従い念のため品川の病院に行きます。しかし、そのわずか五日後の十二月十四日、計は急逝してしまったのです。病名はハイキン症（肺炎の一種）でした。「キリンビール」の販売をはじめとする明治屋の経営と磯野商会の経営にあまりにも熱中し過ぎていたため、周囲が心配していた矢先の出来事でした。計はこのとき三十九歳。あまりにも若すぎる死でした。

計の経営手腕は多くの実業家が認めるところでした。事実、北浜銀行頭取である岩下*清周《きよちか》は、日本郵船のライバル会社である大阪商船株式会社*（現・商船三井）の社長に、

第一銀行
国立銀行条例に基づいて明治六（一八七三）年に設立された第一国立銀行（渋沢栄一頭取）が同二十九年に普通銀行の転換に伴い第一銀行となる。昭和十八（一九四三）年に三井銀行と合併し帝国銀行となるが同二十三年に分離独立。昭和四十六年に日本勧業銀行と合併して第一勧業銀行（現・みずほ銀行）となる。

日本精製糖株式会社
前身は鈴木藤三郎が明治二十三（一八九〇）年に設立した鈴木製糖所。同二十八年に改組改称。同三十九年に日本精糖と合併。翌年日本初の角砂糖製造販売を開始。平成八（一九九六）年、明治製糖と合併し、大日本明治製糖となった。

徳川幕府の若年寄・堀田正敦（まさあつ）の元別邸を購入。ここで新事業の計画を練っていたとき、計は体調の異変に気が付いた。そして、そのわずか5日後に帰らぬ人となった……。

計を就任させようとしていました。しかし、計の死によってこの話はなくなってしまいます。計自身にも、丸の内に事業部を置く「大事業」があったのです。計にとっても、日本の経済界においてもその死による損失は計り知れないほど大きなものでした。

明治屋においても急な出来事だったため、計が残した数々の事業の処理を巡って大きな困難に直面します。

米井源治郎の社長就任

計の死後、明治屋の米井と、三菱社の豊川らが協議した結果、米井が菊の後見人になると共に、二代目社長として明治屋の経営を担当することになりました。

一方、ジャパン・ブルワリー内部では、計個人と締結していた「キリンビール」の一手販売契約を継続するかどうか意見が分かれていました。そこで豊川が米

岩下清周
信濃国（現・長野県）に生まれる。銀行家。三井物産パリ支店長、三井銀行本店副支配人・大阪支店長等を経て、明治三十（一八九七）年に北浜銀行を設立、常務、頭取を歴任。積極的な融資政策を実施するも、大正三（一九一四）年に破綻。安政四（一八五七）年〜昭和三（一九二八）年。

大阪商船会社
明治十七（一八八四）年に五五名の船首の合同で設立。広瀬宰平（住友の大番頭）が主宰。昭和三十八（一九六三）年、三井船舶と合併し大阪商船三井船舶、平成十一（一九九九）年にナビックスラインと合併して商船三井となる。

井の保証人になることで一手販売は継続されることになります。米井は明治屋の業績拡張に努めると共に、磯野商会の経営自立を目指しました。基本的には計の経営方針を踏襲しましたが、とくに「キリンビール」の販売に精力的に取り組みました。

米井は明治三十四（一九〇一）年にジャパン・ブルワリーとの販売契約を自社に有利になるよう改訂し、「キリンビール」の拡販による明治屋の収益向上を図ります。同年十月に「*麦酒税法」としてビールにおける初めての税（一石*当たり七円の造石税）が施行されたこともあり、収益の悪化を防ぐべく米井は明治屋の販売力の強化を急ぐ必要があったのです。また、それだけではありません。明治三十三年には札幌麦酒会社が東京へ進出するとの情報があり、競争が激化することも懸念材料でした。このことについて、計の娘・菊の夫・磯野長蔵について記した『追悼録磯野長蔵』では、次のように記されています。

「明治屋は麒麟麦酒の総代理店であって、製造元に代わって日本のほぼ全域（横浜の外国人居留地、長崎を除く）にわたって販売店（特約店）に製造元の公表した価格（建値）でキリンビールを販売した。そして代金回収のうえは、反対給付として一定率のコミッション（手数料）と割戻しを受け取ったのであった。しかし割戻しは販売店に対する割引の原資であったから、明治屋の手もとにいったん入っても、大部分は販売店に支払われることになる。したがって明治屋の手もとに残るのは手数料だけであった。ところが、米井は販売戦激化に備えるためには、さらに特約店に対する割引を増やす以外に方法はないとして、ジャパン・ブルワリーと交渉し、ついに特別割戻金の支出を認めさせたのである。一年間の販売量に応じて、明治屋に支払われるこの特別割戻金は、明治屋の特約店サービスをさらに向上させ、競争力を強化しただけでなく、明治屋の収益に大いに寄与することになった」。

米井は絶大なる影響力を誇った計の亡き後、明治屋に訪れた最大の混乱を見事に乗り切っただけでなく、その行く末を定め、経営をしっかりと支えたのです。しかも、それだけではありません。明治屋の地盤を整えると同時に、自らの後進として、先の磯野長蔵を同社に相応しい人物として育てることも忘れてはいませんでした。

六、磯野計から米井源治郎・磯野長蔵へ

松本（磯野）長蔵の入社

明治三十五（一九〇二）年、磯野菊が十六歳になると、磯野商会の営業部長松本長蔵が菊の夫に迎えられ、磯野家の家督は菊から長蔵に相続されました。松本長蔵は明治七（一八七四）年三月、鳥取県伯耆国《ほうきのくに》久米郡倉吉河原町（現・鳥取県倉吉市）で、父三島

麦酒税法
ビールで初めて導入された税。造石税、つまり貯酒を濾過した段階で査定され、販売のいかんにかかわらず納めなければならなかった。中小業者には大きな痛手で、明治三十三（一九〇〇）年に一〇〇社を超えていたビール会社（醸造所）は、明治三十四年末までに二三社まで激減したといわれる。

「石」
尺貫法における体積（容量）の単位。一石は一八〇・三九リットル。一石＝一〇斗＝一〇〇升＝一〇〇〇合。大名・武家の知行高を表す語でもあり、玄米で量る。

三谷一二
三谷は明治二十四（一八九一）年の夏期休暇中に商業実務を習得するため、計の友人である海軍機関大監宮原氏の紹介（計の兄・善八郎は海軍大機関士で、宮原氏は知人）で、明治屋で見習いとして働いたことがあった。

磯野商会入社の頃の長蔵。

久平、母なおの次男として生まれました。生家は呉服業を営んでいました。そして明治十六年松本仁平の養子となり、松本姓を名乗ったのです。地元の小学校を出て、鳥取県尋常中学校に入学しましたが、三年生のとき商人になることを決意して上京し、明治二十五年に高等商業学校（現・一橋大学）に入学します。

明治三十年七月に同校を卒業した長蔵は、帰郷し、三島林吉（長蔵の兄）が始めた製糸業の仕事を手伝うようになりました。しかし、半年後に心機一転、再び上京して、翌三十一年一月に磯野商会へ入社したのです。計の逝去が明治三十年十二月ですから、長蔵は計のもとで働かなかったことになりますが、長蔵は一度だけ計に会ったことがあるようです。長蔵の高等商業学校の先輩で、明治屋で研修した経験のある三谷一二《かずじ》*（後の三菱鉱業株式会社社長）が、採用の決まっていた長蔵を計に紹介していたのです。

長蔵と菊が結婚したとき、磯野商会の事業基盤は、計が急速に事業を拡大したまま急逝したため、磐石なものとはいえませんでした。そこで、豊川は長蔵の将来を考え、すでに企業基盤が確立されている明治屋に彼を移籍させるよう米井に勧めました。そして明治三十六（一九〇三）年五月、長蔵は明治屋に入社することになります。また彼の入社に伴い、同社は米井、長蔵が出資する合名会社に改組されました。両者の持分合計は一六万円で、米井が社長に、長蔵が副社長にそれぞれ就任しました。

明治三十七年四月、長蔵は米井の勧めでイギリス留学に出発し、前述のA・R・ブラウン商会のもとで二年間、商業実務を学びます。というのも、明治屋の経営スタイルは計の経営スタイルそのものであり、計の生前は自らが従業員一人ひとりに教え、徹底されていました。しかし、計の死後に入社した長蔵においては、それを会得する機会に恵まれておらず、将来計の代りに明治屋を率いる以上、まずはそれを身に付ける必要があったのです。そして、このときの長蔵の体験が、後述するナンバーワン自動車をはじめとする多くの斬新な企画を生み、明治屋の販売促進、広告宣伝に大きく貢献することになりました。

少女時代の菊。16歳のとき、豊川、米井の計らいにより長蔵が夫に迎えられた。

このように米井は、明治屋の事業発展に寄与すると同時に、計の遺児、菊の後見人としての役割を果たしました。彼は明治屋二代目社長として、その重責を見事にやり遂げたのです。

むろん、彼が企業家としての実力を発揮する最大のエポックは、この後に訪れます。それは大日本麦酒会

長蔵は明治36年副社長、大正8年社長に就任。その後キリンビールの取締役、社長、会長を歴任。

社成立に端を発する、明治四十年二月の麒麟麦酒の設立です。

米井、麒麟麦酒設立を主導

大日本麦酒は明治三十九（一九〇六）年三月に日本麦酒、札幌麦酒、大阪麦酒の三社合同で成立しました。ビール業界では、前述したように札幌麦酒の東京進出と「麦酒税法」の施行が引き金となって、熾烈な販売競争が繰り広げられていました。そこで販売競争に終止符を打つべく、企業合同が構想されるようになったのです。この合同を主導したのが、日本麦酒社長の馬越恭平でした。ただ三社それぞれの思惑もあって交渉はかなり難航します。そこで農商務大臣清浦奎吾*の、ビール業界の発展が国威の発揚につながるとの説得もあって、合同は成立したのです。大日本麦酒の初代社長には馬越が就任しました。

そして、馬越はさらなる合同を企図し、ジャパン・ブルワリーのチェアマン兼専務取締役であるフランク・ジェームズに同社の買収を持ちかけたのです。ジェームズは老齢だったため、ジャパン・ブルワリーを辞めて帰国する意志がありました。そこで旧知の

清浦奎吾
肥後国（現・熊本県）生まれ。政治家。第二三代内閣総理大臣。司法官僚を経て明治二十四（一八九一）年貴族院議員となり、司法大臣、農商務大臣、枢密院議長を歴任。大正十三（一九二四）年一月に組閣するもわずか五カ月で総辞職。嘉永三（一八五〇）年〜昭和十七（一九四二）年。

米井に相談が持ち込まれることになったのです。

米井は馬越の提案に反対しました。その理由として、第一に、ジャパン・ブルワリーと大日本麦酒の経営方針が相反していたからです。ジャパン・ブルワリーは原材料を海外から輸入し、ドイツ人技術者を雇っていたのに対し、大日本麦酒は原材料を国内で自給し、外国人技術者をできるだけ雇用しない方針を採っていました。第二に、米井は自身の発言力が弱化することを恐れたのです。大日本麦酒に吸収されると、計によって築かれた明治屋の「キリンビール」の販売が不可能になるか、そうでなくてもきわめて不利な状況に追い込まれることは明白でした。仮にこの合同が実現すれば、大日本麦酒の市場シェアは七割を超えると予想されていました。明治屋にとって競争上不利になることは避けられませんが、ジャパン・ブルワリーの生産高が前年(明治三十八(一九〇五)年)の二万五五〇〇石から三万二〇〇〇石へ増加していることもあり、米井には大日本麦酒と伍していく自信と熱意があったのです。

ジャパン・ブルワリーの買収契約合意書。米井らが主導権を握って新会社を設立しジャパン・ブルワリーを買収した。

そもそも米井は、以前からジャパン・ブルワリーを日本人によって経営すべきであるとの思いを強く抱いていました。ジャパン・ブルワリーが外国人経営の会社であることで、明治屋のビール販売活動にさまざまな制約が生じていたこと、とくに他の大手にくらべて生産・販売規模の拡大が遅れていたことに米井は不満を抱いていたのです。それゆえ「キリンビール」の銘柄と明治屋の一手販売を維持していくためには、自ら主導権を握って新会社を設立しジャパン・ブルワリーを買収するしかないと考えるようになります。そのため、米井は、まず岩崎久弥、豊川、近藤らに出資と後援を懇請し、三菱社及び日本郵船から人材と資金援助を取り付けます。

そして明治三十九年秋頃からジャパン・ブルワリーの重役陣と交渉を重ね、そのなかで、明治四十年に新会社を設立して、ジャパン・ブルワリーの全事業を操業状態のまま買収したいと正式に申し入れを行いました。これを受けてジャパン・ブルワリーは

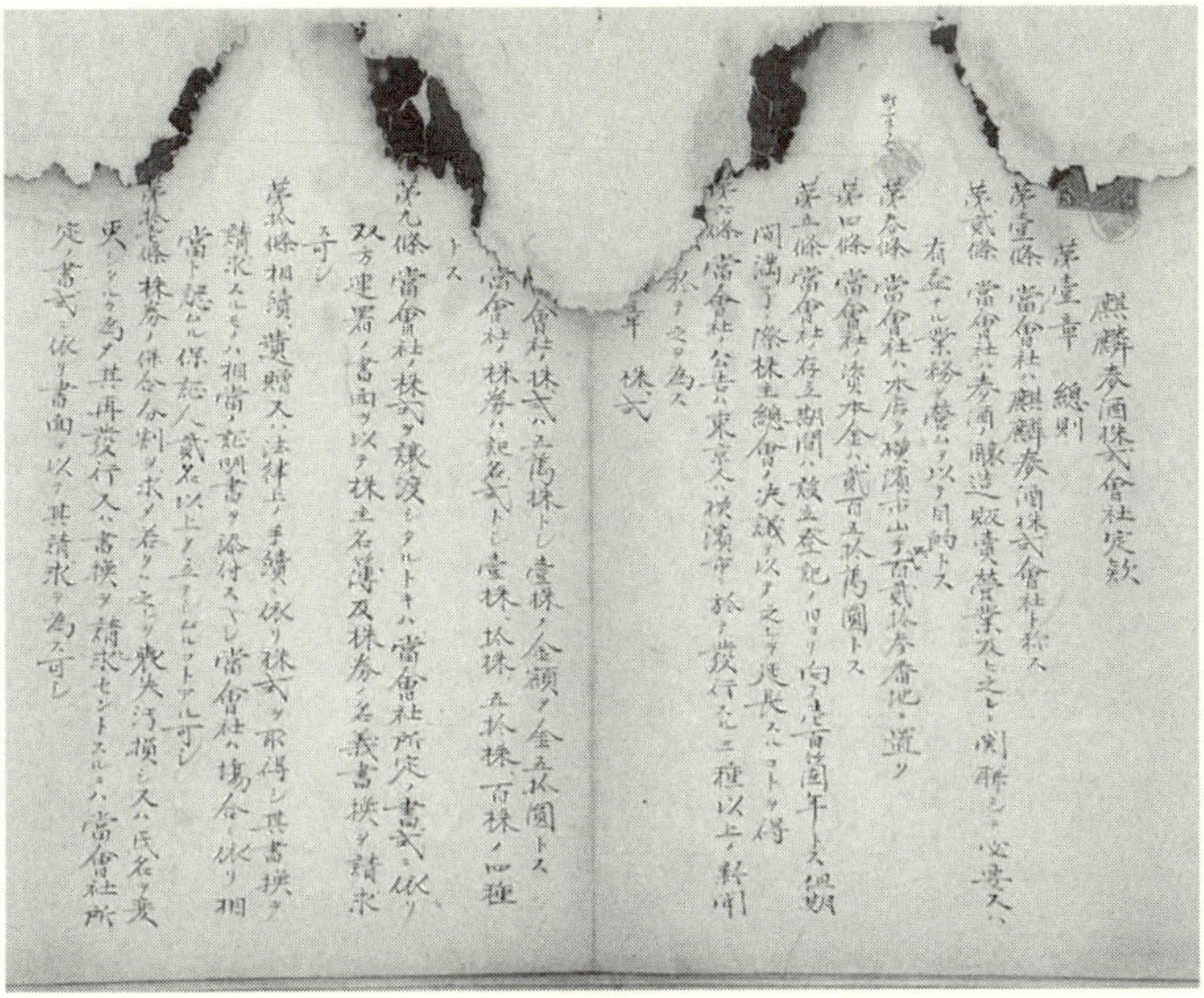
麒麟麥酒株式會社定款

第壹章 總則

第壹條 當會社ハ麒麟麥酒株式會社ト稱ス

第貳條 當會社ハ麥酒醸造販賣營業及ヒ之レニ關聯シタル必要又ハ有益ナル業務ヲ營ムヲ以テ目的トス

第参條 當會社ハ本店ヲ横濱市山手百貳拾参番地ニ置ク

第四條 當會社ノ資本金ハ貳百五拾萬圓トス

第五條 當會社ノ存立期間ハ設立登記ノ日ヨリ向フ満五百ヶ年トス但期間満了ノ際株主總會ノ決議ヲ以テ之ヲ延長スルコトヲ得

第六條 當會社ノ公告ハ東京又ハ横濱市ニ於テ發行スル二種以上ノ新聞紙ニ於テ之ヲ為ス

第二章 株式

第七條 當會社ノ株式ハ五萬株トシ壹株ノ金額ヲ金五拾圓トス

第八條 當會社ノ株券ハ記名式トシ壹株、拾株、五拾株、百株ノ四種トス

第九條 當會社ノ株式ヲ讓渡シタルトキハ當會社所定ノ書式ニ依リ雙方連署ノ書面ヲ以テ株主名簿及株券ノ名義書換ヲ請求スベシ

第拾條 相續、遺贈又ハ法律上ノ手續ニ依リ株式ヲ取得シ其書換ヲ請求スルモノハ相當ノ証明書ヲ添付スベシ當會社ハ場合ニ依リ相當ト認ムル保証人貳名以上ヲ立テシムルコトアルベシ

第拾壹條 株券ノ併合分割ヲ求メ若クハ之ヲ毀損汚損シ又ハ氏名ヲ変更シタル為メ其再發行又ハ書換ヲ請求セントスルニハ當會社所定ノ書式ニ依リ書面ヲ以テ其請求ヲ為スベシ

麒麟麦酒株式会社の定款。同社の初代専務取締役には米井源治郎が就任した。日本人の資本になることにより、事業を行ううえでのさまざまな障害がなくなった。

「麒麟麦酒株式会社」創立当時の山手工場の様子。

明治三十九（一九〇六）年十二月十八日に臨時株主総会を招集して、売却を承認します。翌年一月十六日にジャパン・ブルワリー代表者と米井、近藤ら三名との間に協定書が調印され、ジャパン・ブルワリーは解散、日本人の資本と経営による「麒麟麦酒株式会社」が事業を継承することになったのです。こうして明治四十年二月二十三日に同社が正式に設立されます。資本金は二五〇万円でした。

明治屋からは、米井とイギリス留学から帰国したばかりの長蔵が発起人に加わりました。米井は専務取締役にも就任しますが、麒麟麦酒は社長を空席とし、取締役会を主宰する会長に近藤が就きました。しかし、近藤は経営には直接係わらなかったので、専務である米井が実質的に経営権を掌握しました。

ナンバーワン自動車

販売促進用のマッチ（左上）とお盆（右）。いずれも昭和初期につくられたもの。

「キリンビール」の販売については、明治四十（一九〇七）年四月の第一回取締役会で明治屋が引き続き一手販売を担当することが承認されました。明治屋社長の米井が麒麟麦酒の専務取締役に就任したので、製造・販売両面の緊密化は進みます。このとき、明治屋は海外輸出も担当することになり、朝鮮に支店を、満州や台湾などに取引店を設置するなど、積極的な戦略を採りました。ちなみに「キリンビール」の広告宣伝費は年額五万五〇〇〇円で、ジャパン・ブルワリー時代と同様、明治屋と麒麟麦酒で折半しました。なおこの額は昭和元（一九二六）年十二月末日の一手販売契約解消まで据え置かれ、博覧会、街頭宣伝などの支出は臨時費用として、その都度両社の協議で決められています。

このとき米井は「キリンビール」の販売業務全般における全権を長蔵に委ねました。長蔵はこのチャンスを生かします。イギリスでの経験を生かし斬新なアイ

スコットランドのアーガイル社から到着した車体に、ビール瓶型のボディーが取り付けられ、宣伝・配達用の車両として使われた。その後、警視庁から瓶の先端部分が長すぎると注意を受け、短くなった。

デアによる広告宣伝計画を次々に打ち出したのです。

まず、計に倣って欧米風のポスターの製作に取り組みました。なかでも芸者をモデルにしたポスターは人気を博します。さらに明治四十二（一九〇九）年八月の『時事新報』で「喰うべきキリンビール」のキャッチフレーズを掲載しました。「一杯の麦酒の滋養は同量の牛乳に等しく」「四合の麦酒は牛肉三〇匁《もんめ》の効力に匹敵する」と、ビールの効用を具体的に表現したのです。当時のビール会社の広告宣伝は「香味の芳醇」を訴求する傾向があったので、このフレーズは斬新なものでした。

また、長蔵の考案したユニークな宣伝手法に、「ナンバーワン自動車」があります。明治四十二年八月、長蔵は、スコットランドの自動車メーカー・アーガイル社から、キリンビール宣伝用と配達用を兼ねた貨物自動車を購入しました。この自動車は警視庁登録番号の「第一号」だったので、「ナンバーワン自動車」の

ナンバーワン自動車の瓶型ボディーは厚さが2.5cmもあり重すぎたため、布製のほろに取り替えられ、東北地方への宣伝旅行に出発した。

東京墨田区横網の東京都慰霊堂（旧震災記念堂）に今も保存されているナンバーワン自動車の車軸（写真は旧震災記念堂時代のもの）。

愛称で親しまれました。車のボディーがビール瓶の形をして、そこに大きなラベルのデザインが施されていました。自動車そのものがまだめずらしかった時代に、この奇抜な車は道行く人の視線を集め、宣伝効果は抜群でした。

「ナンバーワン自動車」は明治四十五年六月には東北地方へ「宣伝旅行」に出向きます。明治屋機関誌『嗜好』明治四十五年八月号では、青森で宣伝活動をしたときの様子を「青森市内を縦横に駆けめぐりたるに、その発動機の響きと強大なる警笛の音とは、強く同市人の注目を惹きしとみえ、到るところ見物人垣をなし、もし停車するときは少年諸氏珍しがりて取り囲み、通行も止まるばかりの好況なりき」と伝えています。

その他、明治四十三年の「名古屋連合共進会」で会場になった鶴巻公園内の池に、金閣寺を模してつくった二階建てのキリンビアホールを出店したり、大正二

大正元年の山手工場内部の様子。麒麟麦酒の設立により、ビールの製造から販売まで、よりスムーズな計画、展開が可能になった。

(一九一三)年の東京勧業博覧会では「キリンビール」の飛行船をあげたりするなど、積極的に宣伝活動を行っていったのです。

このように米井、長蔵の活躍もあり、明治屋の「キリンビール」の取引数は明治末からますます伸張します。そのため支店網のいっそうの整備が必要となり、同時に組織、資本、人材の拡充による経営の近代化が求められました。そこで、明治四十四(一九一一)年に資本金を五〇万円に増額すると共に株式会社明治屋に改組し、米井が取締役社長、長蔵が取締役副社長に就任しました。

三年後の大正三年に第一次世界大戦が勃発すると、連合国から軍需品の注文が相次いだため、日本経済はかつてない好景気に沸きました。ビール業界にとっても追い風となり、ビールに対する需要は大幅に増加しました。また戦争中はアジア、とくに東南アジア地域でヨーロッパ系ビールの輸出や現地生産が途絶えたため、日本からこの地域への輸出が急増しました。ビールは一時品不足の状態に陥りましたが、国内のビール会社はこれに対応していきます。麒麟麦酒は神崎工場（後に尼崎工場）を新設し、生産規模を拡大させます。これにより明治屋の売上高は増加し、大正七年には資本金を倍額増資して一〇〇万円とし、二年後には二〇〇万円とするなど成長の一途を辿ったのです。明治屋の売上高の内訳は、第一次世界大戦まではビールと雑貨（食品その他）半分ずつでしたが、大戦以降はビールが三分の二、雑貨が三分の一となり、ビールの割合が増えていきました。

大正元年の明治屋『嗜好』に掲載されたビアホールの写真。都市部の生活は洋風化し、ビアホールや喫茶店などでビールが飲まれるようになった。

磯野長蔵、明治屋社長に就任

ビールの需要が増え、明治屋及び麒麟麦酒の経営が安定してきた矢先の大正八（一九一九）年七月、米井源治郎が脳溢血で死去します。明治屋創業者の計の遺業を守りつつさらなる発展を導いた米井は、計に比肩する優れた経営者だったといえます。享年五十八歳でした。明治屋の後任社長には、副社長の磯野長蔵が就任します。当時四十五歳の若さでした。

明治43年6月、銀座に建設された明治屋の東京支店新社屋。

麒麟麦酒設立後、初めて作成された新聞広告（『時事新報』明治40年3月1日掲載）。

といっても長蔵が直接、麒麟麦酒の経営に関与するのは、大正九（一九二〇）年一月、同社の取締役に就任してからでした。長蔵は同社の発起人には名を列ねていましたが、あくまで「明治屋の磯野」として販売活動に専従しており、取締役とはいえ非常勤の社外重役に過ぎず、麒麟麦酒での米井とは立場が異なっていたのです。しかも、就任後半年も経たないうちに豊川が、さらに翌年には近藤が相次いで亡くなってしまいます。明治屋の良き理解者である二人がいなくなることで、麒麟麦酒との緊密な関係も少し薄れ、同社での長蔵の立場は微妙なものとなりました。

また、さらなる困難が長蔵を待ち受けていました。大正九年三月には、日本経済は大戦後の反動恐慌に見舞われて、景気は停滞していったのです。

関東大震災直後の銀座通り。右頁の東京支店は焼失した（写真右上矢印が東京支店のあった場所）。また、この震災で横浜の本店店舗は倒壊し、明治屋の損害は甚大だった。

第四章　磯野計の「遺産」

一、明治屋と麒麟麦酒

一手販売権の返還

計と米井の意志を受け継いだ長蔵でしたが、就任早々、試練に立たされます。

大正十二（一九二三）年九月一日に発生した関東大震災により、明治屋は銀座の東京支店店舗と横浜の本店店舗を焼失したのです。得意先における商品欠損などの損失を加えると、明治屋の被害額は当時の払込資本金三〇〇万円に匹敵するほどでした。しかし、第一次世界大戦の好景気に長蔵の指示で規模をむやみに拡張せず、利益を内部に蓄積していたため、これが幸い

関東大震災被災前の横浜・山手工場（上）は壊滅的な被害を受け（下）、操業は事実上不可能だった。

して震災による損失をすべて自力で補填することができました。

一方、麒麟麦酒では横浜山手工場が壊滅的な被害を受けました。麒麟麦酒にとって大きな損失でしたが、このことによりかえって新工場建設の機運が高まる結果となります。

新工場である生麦工場は大正十五（一九二六）年四月に完成します。これにより山手工場の長年の悩みであった運搬問題及び水不足問題が一挙に解決することになります。しかし、同工場に多額の資金を投じたものの、生産能力は山手工場の半分でしかありませんでした。そのことで損益分岐点が引き上げられ、高い水準の稼働率と販売高の大幅な増加が要求されるようになりました。また、同年四

山手工場で使われていた井戸跡は、現在、横浜市立北方小学校内に残されている。

山手工場跡地（現・横浜市中区千代崎町/キリン園公園）に建立された麒麟麦酒開源記念碑。

月にビール税が一石一八円から二五円、ビール一箱当たり一円三〇銭の増税になり、さらには大正十三年以降、需要が減退傾向を示していました。とはいえ増税分をそのまま価格に反映させるわけにはいかず、三〇銭を麒麟麦酒が負担し、値上げを一円に留めました。しかし、これは麒麟麦酒にとって大きな負担でした。

そうした状況で、大正十五年五月に、明治屋は麒麟麦酒から厳しい販売条件を提示されます。それは「明治屋のビール引取数量を四ダース入一五〇万箱と定め、もしこの予定箱数を消化し切れなかった場合には一箱当たり五〇銭の割り戻しを、逆に明治屋が麒麟社に支払う」というものでした。一五〇万箱はその前年度の五割増でした。明治屋は苦しい立場に立たされたのです。

委託販売制によって、明治屋は安定した利益を保障されてはいましたが、販売代金に関する全責任を負わされてもいました。そのため、売掛債権が増加するリ

山手工場の壊滅を受けて、横浜・生麦に建設された横浜工場。大正15年に完成した。麒麟麦酒は同工場で、昭和3年から清涼飲料水「キリンレモン」の製造も開始している。

スクを恐れ、多く売るというよりも、むしろ堅い取引先を守って確実に歩合を稼ぐ傾向になりがちでした。

とはいえ、当時のビール業界は、景気減退により競争は激しく、他社よりもいかに多くビールを販売するかが最大の懸案だったのです。

麒麟麦酒の提示した条件について、両社間で協議が重ねられました。長蔵は明治屋の社長として、麒麟麦酒の取締役として、苦しい立場に立たされます。結局、長蔵は「明治屋は当年（大正十五年）度の販売条件をこのうえ論議しないこととし、翌年度を期して一手販売権を麒麟社へ返還し、生産と販売を統一して、当面の激化した競争を乗り切る」と麒麟麦酒に申し入れたのです。

長蔵はこのように決断した理由を「キリンビールの販売量をさらに伸ばし、業界における地位を確固たるものにするためには生産と販売を統一することもやむを得ない。ビール業界では既に乱売の前哨戦が開始さ

ビアホールの前を通るキリンビールの馬車（大正6年発行の明治屋『嗜好』に掲載）。明治後半から大正にかけて麒麟麦酒は他社の新規参入などにより厳しい戦いを強いられていた。

れ麒麟社としても一大難局を覚悟しなければならない時期にあり躊躇することは許されなかった。（中略）関東大震災によって麒麟社は旧山手工場を失い、横浜生麦工場を建設したが、麒麟社が大震災の影響を受けるのはこれからであって、生産と販売を一体化し、厳しい考え方で進まなければ激甚な競争に処することは不可能である」と説明しています。

大正十五年十一月十六日に麒麟麦酒（伊丹二郎社長）と明治屋（磯野長蔵社長）との間で「一手販売権解除契約書」が取り交わされました。これにより明治二十一（一八八八）年五月に計とジャパン・ブルワリーとの間で結ばれた一手販売契約は同年末日をもって終了し、昭和二（一九二七）年一月一日から明治屋は麒麟麦酒の一特約店となったのです。

また、それから一カ月と経たない一月二十八日、長蔵は明治屋社長のまま、麒麟麦酒の専務取締役に就任し、同社に新設された営業部の部長を兼務することに

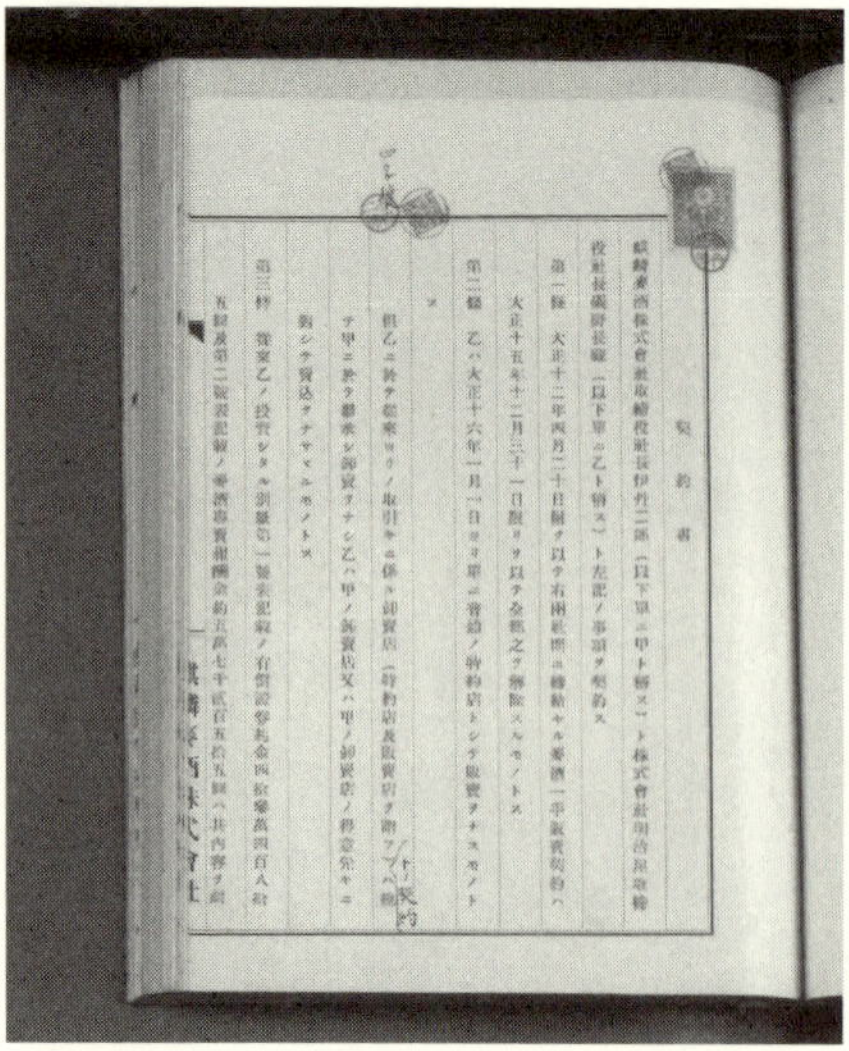

一手販売契約解消の契約書。約39年続いた明治屋とキリンビールとの関係は新たな時代を迎えた。

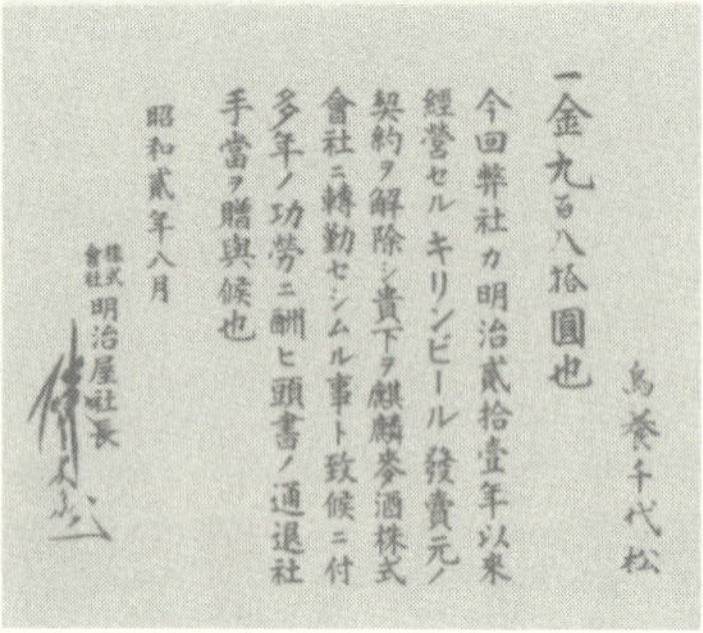

鳥養千代松
一金九百八拾圓也
今回弊社カ明治貳拾壹年以来
經營セルキリンビール發賣元ノ
契約ヲ解除シ貴下ヲ麒麟麥酒株式
會社ニ轉勤セシムル事ト致候ニ付
多年ノ功勞ニ酬ヒ頭書ノ通退社
手當ヲ贈與候也
昭和貳年八月
株式會社明治屋社長

明治屋から麒麟麦酒に転籍した従業員に退社手当てが支給された。

なりました。同時に明治屋のビール部員一〇九名は麒麟麦酒に移籍し、長蔵の指揮のもと「キリンビール」の販売を担当することになりました。麒麟麦酒の営業部創設によって明治屋傘下の「キリンビール」特約店は麒麟麦酒に引き継がれ、一手販売当時と変わらず適正に出荷が行われました。

なお、「キリンビール」の一手販売権を麒麟麦酒に返還したことにより、明治屋の総売上高は三分の一に減少し、さらに社員を多数失いました。例えば大正十五／昭和元（一九二六）年の売上高は二八七〇万円（うちビール一八三七万円）でしたが、翌年には一一〇五万円にまで落ち込んでいます。その後はビールに替わって、他の洋酒や缶詰などの販売を伸ばすことに力を入れ、経営の建て直しを図っていきました。

磯野長蔵、麒麟麦酒社長に就任

麒麟麦酒社長に就任した長蔵。麒麟、明治屋双方において経営の陣頭指揮を執った。

先のように、大正後期から昭和初期にかけては、ビール業界にとって大変激しい「乱売の時代」でした。昭和三（一九二八）年、麒麟麦酒、大日本麦酒、日本麦酒鉱泉の三社が生産数量及び販売価格協定を締結し、価格安定対策を進めましたが、期待したほどの成果が得られませんでした。その後、昭和八年に経営が悪化していた日本麦酒鉱泉を大日本麦酒が吸収合併し、同年に麒麟、大日本の両社は乱売戦に終止符を打つため「麦酒共同販売会社」を設立して、ビールの販売と広告宣伝をこの会社で行うようにしたのです。その専務取締役には長蔵が就任しました。

長蔵は、麒麟麦酒と明治屋の経営改善に向けて陣頭指揮を執っていましたが、次第に麒麟麦酒の仕事に時間をとられていき、昭和十七年には麒麟麦酒社長に就任します。そして長蔵は、麒麟麦酒の経営に専念するために、明治屋の経営は長男の計蔵副社長（昭和三十三年から長蔵を継いで社長）に任せたのです。

長蔵はその後、昭和十七年から二十六年まで麒麟麦酒取締役社長、同二十六年から三十七年まで会長を、さらに昭和四十一年に死去するまでは相談役を務めました。経営者として多くの事業に従事した長蔵でした

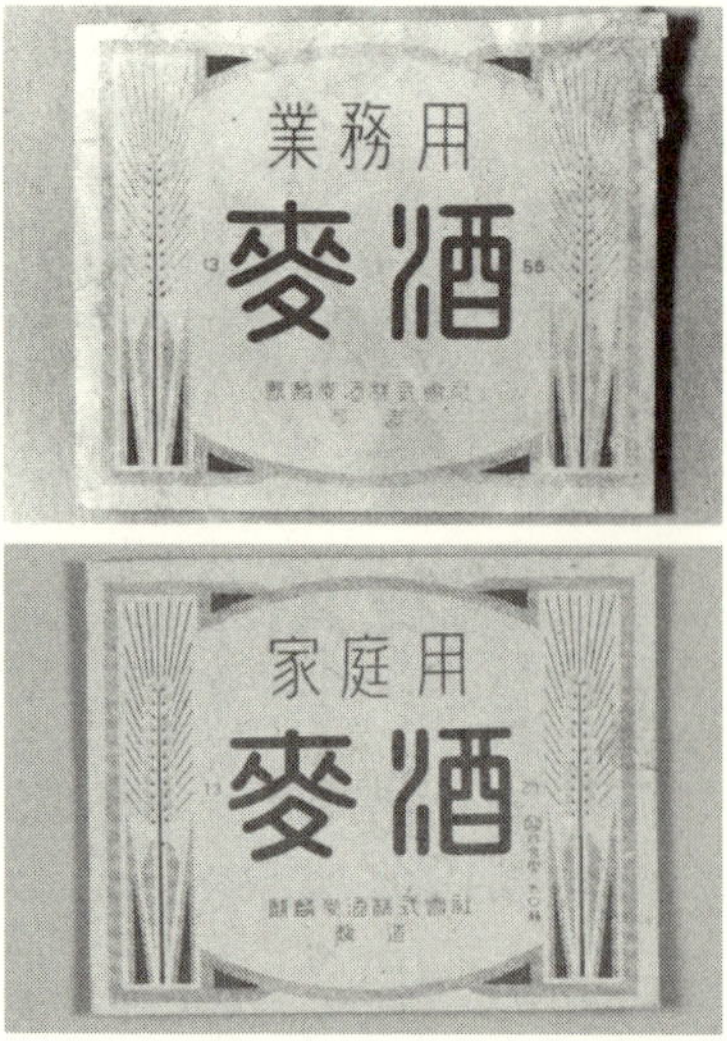

第二次世界大戦中、配給制になったときのキリンビールのラベル（上：業務用、下：家庭用）。

震災後復興の中、開店したカフェキリンは往来の人々の目を引いた（写真はショウウインドー）。

が、その人生のうち多くを麒麟麦酒に捧げたといえます。

さてビール業界では、第二次世界大戦後の昭和二十四（一八九一）年に、大日本麦酒が、自由競争体制の確立を目的に制定された過度経済力集中排除法の適用を受けて、日本麦酒（現・サッポロビール株式会社）と朝日麦酒（現・アサヒビール株式会社）に分割されました。この年の麒麟麦酒の市場シェアは二五・三％と最下位でした。しかしその後、長蔵は他社に先駆けさまざまな施策をとります。とくに設備投資と販売網構築に積極的に取り組み、ビールの需要を喚起させていったのです。麒麟麦酒のシェアは上昇し続け、昭和四十一年に長蔵が死去したときには、五〇・九％にまで伸張していました。それゆえ長蔵は麒麟麦酒の「中興の祖」と評されています。

二、磯野計の理念

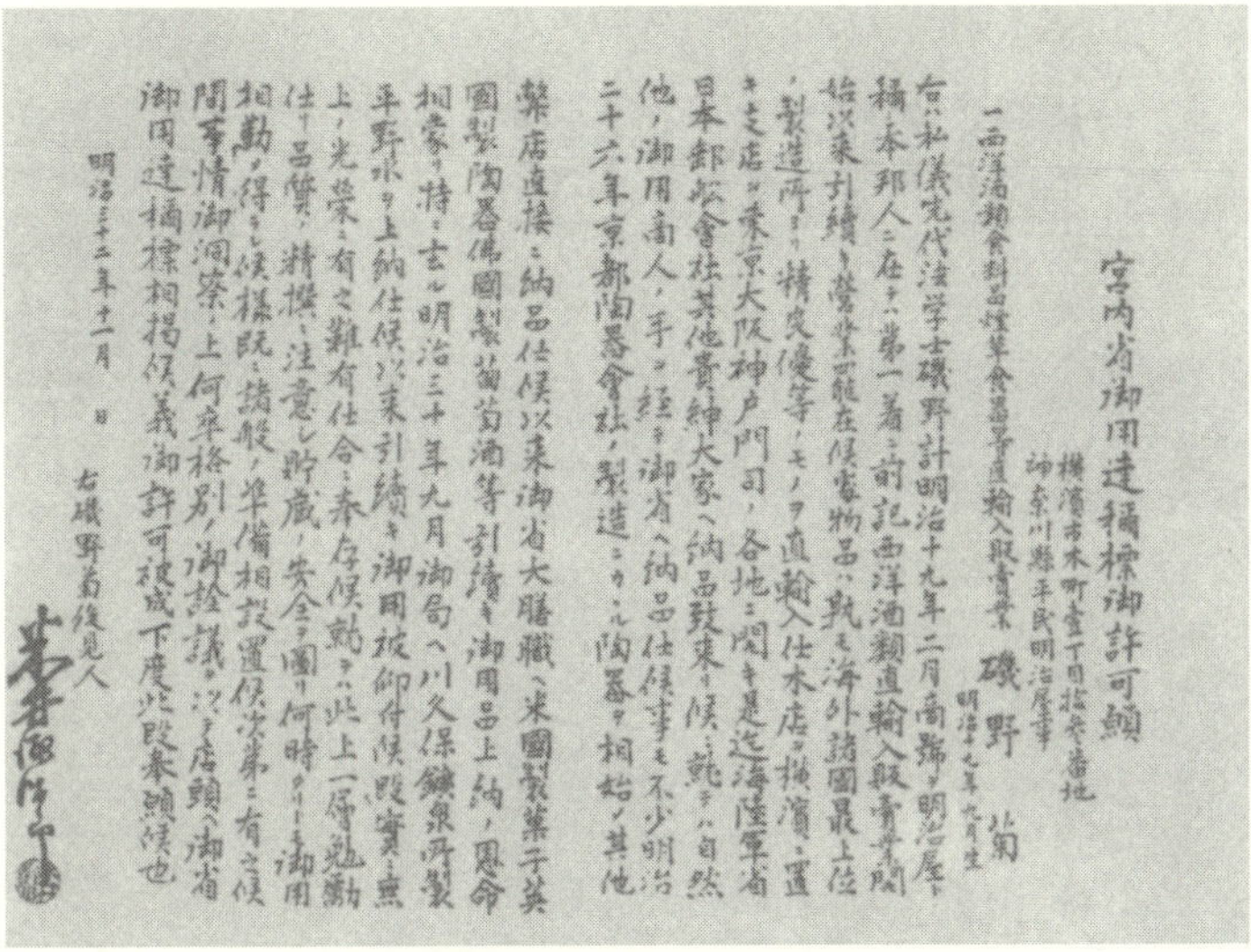

宮内省御用達稱標御許可願

横濱市本町壹丁目拾参番地
神奈川縣平民明治屋事
一西洋酒類食料品煙草食器等直輸入販賣業　磯野　菊
明治十九年九月生

右ハ私儀先代法学士磯野計明治十九年二月創業ヲ明治屋ト
稱本邦人ニ在テハ第一着ニ前記西洋酒類直輸入販賣業ヲ開
始以来引續キ營業罷在候處物品ハ孰レモ海外諸國最上位
ノ製造所ヨリ精良優等ノモノヲ直輸入仕本店ヲ横濱ニ置
キ支店ヲ東京大阪神戸門司ノ各地ニ開キ是迄海陸軍省
日本郵船會社其他貴紳大家ヘ納品致来リ候ニ就テハ自然
他ノ御用商人ノ手ヲ經テ御省ヘ納品仕候事モ不少明治
二十六年京都陶器會社ノ製造ニカヽル陶器ヲ相始ノ其他
弊店直接ニ納品仕候以来御省大膳職ヘ米國製菓子英
國製陶器佛國製葡萄酒等引續キ御用品上納ノ恩命
相蒙リ特ニ去ル明治三十年九月御局ヘ川久保鑛泉所製
平野水ヲ上納仕候以来引續キ御用被仰付候段實ニ無
上ノ光榮ニ有之難有仕合ニ奉存候就テハ此上一層勉勵
仕テ品質ノ精撰ニ注意シ貯藏ノ安全ヲ圖リ何時タリトモ御用
相勤ノ得ラレ候樣既ニ諸般ノ準備相設置候次第ニ有之候
間事情御洞察ノ上何卒格別ノ御詮議ヲ以テ店頭ヘ御省
御用達稱標相揭候義御許可被成下度此段奉願候也

明治三十二年十一月　日　　右磯野菊後見人

明治32年に出された「宮内省御用達称標許可願い」。「宮内省御用達」制度は明治24年に始まり（昭和29年廃止）、認可基準のひとつに「優等佳良の物品の製造調達人である」ことが定められていた。

「世界のベスト（最良品）を売る」

このように計の亡き後も、ジャパン・ブルワリー及び麒麟麦酒、そして明治屋は、米井、長蔵という優れた経営者によって、飛躍的な経営発展を遂げるに至ります。逆をいえば、計は、その類稀なる経営哲学を後継にしっかりと残し得たという点においても、優れた経営者だったといえるのかもしれません。

改めて計の経営者としての姿勢を振り返ると、計は明治屋の経営において「世界のベスト（最良品）を売る」ことを至上命題としました。それはイギリス留学で体験した彼の国における「人々の豊かな暮らし」に基づいたものであったことは、すでに述べた通りです。つまり、計はイギリスの人々あるいは欧米諸国と同様に、日本国民にも恵まれた生活を送ってほしいと願ったのです。換言すれば、私利私欲からではなく、純粋

株式会社 明治屋

PROVISIONS & WINES FROM THE WORLD

MEIDI-YA
SINCE 1885

左上）計が創案した「三ツ鱗」が、コーポレート・ロゴとして今も用いられている。上）明治屋ストアーのロゴ。P198の横浜店舗がモチーフになっている。左）老舗高級スーパーとして、国内に11店舗、海外に1店舗を展開。企業理念として「いつも いちばん いいものを」を掲げ、オリジナブランド「My」ほか、自社輸入食材などを扱う。

に「国民のため」であることが、彼の事業を支える最大の哲学だったのです。

　事業欲旺盛な計は「キリンビール」の販売だけでなく、さまざまな事業を手掛けています。ときには従業員に「丸の内に中央事務局を建て、大事業を始める」とさらなる事業展開を示唆し、激励していました。具体的に計がどのような大事業を始めようとしていたのか、それは計の急死により明かされることのないまま潰えます。しかし、ジャパン・ブルワリーが設立されて販売先を日本の会社に求めたとき、すぐに名乗り出て、「キリンビール」の一手販売権を獲得したこと、その後、ビールの販売についてはどのような苦労も厭わなかった計の事跡を鑑みると、それはもしや米井や長蔵が辿った道そのものではなかったかとも思われるのです。

　計は、さまざまな事業に参画していますが、生涯もっとも多くの時間を費やしたのは、まぎれもなく「キ

上）現在のキリンビールラベル。右上）明治40年、麒麟麦酒創立時のラベル。右）第二次大戦中、配給制が採られ銘柄の商標が禁じられていたが、終戦から4年後の昭和24年、統制が解除されキリンビールの商標が復活した。ただし、このときのラベルは青1色刷だった（多色刷になるのは昭和32年から）。

リンビール」でした。計にとってキリンビールは、彼の志を実現するのにもっとも相応しい事業だったといえるのかもしれません。

独立自尊の経営

計という経営者を評価するにあたり、福沢の言「士魂と商才を兼ねて所有した新人物」との評価は至当であると思われます。

武士の家に生まれた計は、教育熱心な両親や周囲の環境もあって小さい頃から学問に励みました。さらには大学（東京大学）という当時の社会が与えうる最高の教育を受けています。そして、世界の経済の中心地で、当時日本が模範としていたイギリスに留学して、経済、政治、食文化ならびに商業道徳を吸収しました。さらには商売の実務を経験することで商才を磨きつつ、同時に一般市民の自由・独立・自治の精神も感得

東京・新川のキリンビール株式会社本社ビル。言わずと知れたビール業界の雄である。

東京・京橋の明治屋本社兼店舗ビル。昭和8年竣工。再開発地区にあって、ひと際その風格を漂わせる。

したのです。こうした経験が、津山藩・磯野家に伝わる伝統的気風としての「士魂（武士道の精神）」と融合し、計は、日本の「文明開化」ならびに「殖産興業政策」に求められる新しい人物となったのです。

計が活躍した時代は「士農工商」や「官尊民卑」という身分意識が消えることなく根強く残っていました。とくに商人は、このとき一般的だった「賤商観」という言葉に象徴される価値観で捉えられ、「生産に携わらない身分」として低い地位にありました。しかし、計はそうした差別や偏見、あるいは常識に捕われることなく、「職業に貴賤の別はない」との信念を抱き、それは決して揺らぐことはありませんでした。それゆえ、エリート中のエリートとしての官吏の道を選ばず、日ごろ卑しく思われていた商人にあえて身を投じたのです。そして、終生「士農工商」や「官尊民卑」に背を向け、商業の地位向上を目指し、それを実現したのです。

左）東京青山に眠る磯野計の墓。右）計の墓の横には増島六一郎による撰碑文がある。「麒麟のごとく類まれなる逸材」と称えた計の死を惜しむ、親友・増島ならではの撰文は胸を打つ。

最後に、計のビジネスに対する考え方が現れている言葉を紹介しておきます。計が高等商業学校の教師をしていたとき、教え子の一人である各務《かがみ》鎌吉（東京海上保険株式会社（現・東京海上日動火災保険）会長）に対して語った言葉です。

「今後社会に出て実務に従事するとき決して人に使役せらるるものと思わず、事業に使役せらるるものと思われよ。人に使役せらるるものと思えば種々の不平も起こるであろうが、事業が己を使役するものと思えば、茲《ここ》に別種の心境が開けてくるであろう」。

計は商人という立場から、日本の産業を興し、日本人の生活を豊かにすること、ひいては富国に努めて欧米諸国に肩を並べること、という大きな理想を抱いていました。つまり、計は「自らを高めて人格と威厳を保ち、一身独立して一国独立すること」という高い志をもった「独立自尊」の経営を展開した経営者だったのです。

参考文献

『味百年―食品産業の歩み―』秀平武男編　日本食糧新聞社　昭和四十二年
『近代日本食物史』昭和女子大学食物学研究室　近代文化研究所　昭和四十六年
『日本清涼飲料史』社団法人東京清涼飲料協会編　昭和五十年
『日本型経営の展開―産業開拓者に学ぶ―』森川英正　東洋経済新報社　昭和五十五年
『日本マーケティング史―現代流通の史的構図』小原博　中央経済社　平成六年
『日本マーケティング史―生成・進展・変革の軌跡』森田克徳　慶應義塾大学出版会　平成十九年
『70年のあゆみ』カルピス食品工業株式会社編・刊　平成元年
『日本の水』三島海雲　至誠社　昭和九年
『初恋五十年』三島海雲　ダイヤモンド社　昭和四十年
『長寿の日常記』三島海雲　日本経済新聞社　昭和四十一年
『私の履歴書』経済人10「私の履歴書」三島海雲　日本経済新聞社　昭和五十五年
財界人思想全集第七巻『財界人の教育観・学問観』鳥羽欽一郎編集・解説　ダイヤモンド社、昭和四十五年
『ケース・スタディー　日本の企業家史』法政大学産業情報センター・宇田川勝編「ブ

ランドを確立した企業家活動―三島海雲と蟹江一太郎―」　生島淳　文眞堂　平成十四年
『三島海雲翁をしのぶ―生誕百年記念』　中道健太郎　カルチャー出版社　昭和五十二年
『モンゴルの白いご馳走』石毛直道編著、有賀秀子・小長谷有紀・金世琳・カルピス株式会社基盤技術研究所著　チクマ秀版社　平成九年
『やってみなはれ サントリーの70年・Ⅰ』　株式会社サン・アド編　サントリー株式会社　昭和四十四年
『みとくんなはれ サントリーの70年・Ⅱ』　株式会社サン・アド編　サントリー株式会社　昭和四十四年
『日々に新たに　サントリー百年誌』サントリー株式会社編・刊　平成十一年
『美酒一代―鳥井信治郎伝』　杉森久英　毎日新聞社　昭和五十八年
『日本の企業家（3）昭和編』森川英正、中村青志、前田和利、杉山和雄、石川健次郎
「鳥井信治郎―国産ウイスキーの開拓者」石川健次郎　有斐閣　昭和五十三年
『日本の企業家群像Ⅱ 革新と社会貢献』佐々木聡編「鳥井信治郎と石橋正二郎―伝統的商業経験から純国産品の創製へ」　四宮正親　丸善　平成十五年
『へんこつ なんこつ 私の履歴書』　佐治敬三　日本経済新聞社　平成六年
『新しいこと 面白きこと サントリー・佐治敬三伝』　廣澤昌　文藝春秋　平成十八年

『サントリー流モノづくり―ヒット商品創造法』平野健　日刊工業新聞社　平成十三年

『ウイスキーと私』竹鶴政孝　ニッカウヰスキー　昭和五十一年

『ケースブック　日本の企業家活動』法政大学産業情報センター・宇田川勝編「都市型産業のクリエーター―小林一三と鳥井信治郎―」生島淳　有斐閣　平成十一年

『麒麟麦酒株式会社五十年史』麒麟麦酒株式会社編・刊　昭和三十二年

『キリンビールの歴史―新戦後編』キリンビール株式会社広報部社史編纂室編・刊　平成十一年

『サッポロビール120年史』サッポロビール株式会社広報部社史編纂室編・刊　平成八年

『明治屋七十三年史』株式会社明治屋編・刊　昭和三十三年

『明治屋百年史』株式会社明治屋編・刊　昭和六十二年

『磯野計君傳』竹越與三郎　株式会社明治屋　昭和十年

『追悼録 磯野長蔵』麒麟麦酒株式会社・株式会社明治屋編・刊　昭和四十二年

『噫、偉なる哉、磯野長蔵翁』三宅勇三　春秋社　昭和四十二年

『トーマス・B・グラバー始末』内藤初穂　アテネ書房　平成十三年

『ビールと日本人　明治・大正・昭和ビール普及史』麒麟麦酒株式会社編　三省堂　昭和五十九年

『日本のビール』稲垣眞美　中央公論社　昭和五十三年

『イノベーション・マネジメント』No.1「明治・大正期における麒麟麦酒と明治屋の関係について—磯野計と磯野長蔵の企業家活動を中心に—」生島淳　法政大学イノベーション・マネジメント研究センター　平成十六年

図版協力（掲載ページ）

カルピス株式会社
サントリーホールディングス株式会社
株式会社明治屋
キリンビール株式会社
丸善株式会社（209左下を除くすべて）
サッポロビール株式会社（207右）
編集部（95）

情熱の日本経営史シリーズ刊行の辞～今なぜ、日本の企業者の足跡を省みるのか

本シリーズでは、日本の企業と産業の創出を担った企業者たちの活動を跡づけている。企業者とは、一般に、経済や産業の大きな進展をもたらす革新、すなわちイノベーション（innovation）を成し遂げた人々をいう。ソニーの創業者である井深大《いぶかまさる》氏は、「インベンション（invention）というのは新しいものを作ればそれでよいが、イノベーションという場合は、作られたものが世の中の人々に大きく役立つものでなければならない」と述べた。日本の企業者の多くは、幕末・維新期以来、今日にいたるまで、みずからの事業の創業やその新たな展開に際して、その営みが「世の中の役に立つこと」であるか否かを判断の要諦としてきたといってよい。そして、そうした社会への貢献を尊重する企業者の気高い思想こそが、日本におけるビジネスの社会的地位を向上させることになった。社会的に上位に置かれた企業者は、内発的な信条としても、また他者からの期待としても、その地位に応じた人格の錬磨と倫理性と、より大きな指導力の発揮を求められるようになった。いわば、企業者の社会的役割に対する期待値が、高められることとなったのである。

企業者に求められる指導力とは、財やサービスの提供主体たる企業組織の内にあっては、技術の進化と資本の充実をはかりながら、人々の情熱やエネルギーを高めて結集させることであり、そうした組織能力向上のためのマネジメント・システムを発展させることであったろう。他方、企業の外に向けては、あらゆる利害関係者（ステークホルダー）に対して、提供する財やサービスはもとより、それを生み出すみずからの活動と牽引する企業組織が、いかに社会に役立つものであるかということをアピールすることが、まずもって必要とされた。そして、さらに、みずからの企業者活動が、日本の国力の増大に貢献することを希求した。

ところで、そうした企業者の能力がいかに蓄積され、形成されたかという面をみると、本シリーズで取り上げた多くの企業者にいくつかの共通点を見出すことができよう。家庭や学校での教育や学習、初期の失敗の経験、たゆまぬ克己心と探求心、海外経験や異文化からの摂取、他者との積極的なコミュニケーション、芸術や宗教的なもの(the religious)への強い関心、支援者やパートナーの存在、規制への反骨心、などである。これらの諸要素が企業者の経営理念を形成し、それを基礎に経営戦略やマネジメントの方針が構想されたとみられよう。

二十世紀末から今日にいたる産業社会は、「第三次産業革命」の時代といわれる。大量の情報処理と広範囲の情報交換の即時化と高度化を特徴とするこの大きな変革は、今なお進展中である。時間と空間の限界を打破し続けるこの新たな変動のなかで、経営戦略はさらにスピードを求められ、組織とマネジメントはより柔軟な変化が求められてゆくであろう。そして、新たな産業社会の骨幹たる情報システムの進化のために、従来にもまして、人々の多大な叡智とエネルギーの結集が必要となってゆくであろう。と同時に、広範囲におよぶ即時の見えざる相手とのビジネス関係の広がりは、内外の金融ビジネスの諸問題にみられるように、大きな危険をはらんでいる。こうした大きなリスクをはらんだ変革期の今日だからこそ、企業者や企業のあり方があらためて問い直されているのである。

本シリーズは、こうした分水嶺にあって、かつて日本の企業者がいかにその資質を磨き、いかにリーダーシップを発揮し、そしていかなる信条や理念を尊重してきたのかを学ぶことに貢献しようということで企画された。本シリーズの企業者の諸活動から、二十一世紀の日本の企業者のあり方を展望する指針が得られれば、望外の喜びとするところである。

佐々木　聡

著者略歴
生島 淳（しょうじま・あつし）
高知工科大学マネジメント学部専任講師。修士（経営学）。1971年、千葉県に生まれる。1995年、法政大学経営学部卒業。2004年、同大学大学院社会科学研究科経営学専攻博士後期課程単位取得満期退学。横浜市立大学国際総合科学部非常勤講師などを経て、2009年より現職。著書に『ケースブック 日本の企業家活動』（有斐閣、1999年）、『日本の企業間競争』（有斐閣、2000年）、『ケース・スタディー 日本の企業家史』（文眞堂、2002年）、『ケース・スタディー 戦後日本の企業家活動』（文眞堂、2004年）、『失敗と再生の経営史』（有斐閣、2005年）、『ケース・スタディー 日本の企業家群像』（文眞堂、2006年）がある（全て共著）。

監修者略歴
佐々木 聡（ささき・さとし）
明治大学経営学部教授。経営学博士。1957年、青森県に生まれる。1981年、学習院大学経済学部卒業。1988年、明治大学大学院経営学研究科博士課程修了。静岡県立大学経営情報学部助教授などを経て、1999年より現職。著書に『科学的管理法の日本的展開』（有斐閣、1998年）、『日本の企業家群像』（丸善、2001年、編共著）、『日本的流通の経営史』（有斐閣、2007年）ほか、多数がある。

シリーズ 情熱の日本経営史⑥
飲料業界のパイオニア・スピリット

2009年11月30日　第1刷発行

著 者
生島《しょうじま》 淳《あつし》

発 行
株式会社 芙蓉書房出版
（代表 平澤公裕）
〒113-0033 東京都文京区本郷3-3-13
TEL 03-3813-4466　FAX 03-3813-4615
http://www.fuyoshobo.co.jp

印刷・製本／モリモト印刷

ISBN978-4-8295-0468-0